银王鸽

卡奴鸽

美国鸾鸽

美国贺姆鸽

光鸽

鸽配对

鸽孵化

鸽喂乳

鸽颗粒饲料

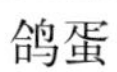

鸽蛋

鸽饲料

鸽舍

群养鸽笼

群养鸽舍

鸽笼

这样就能办好家庭肉鸽养殖场

主　编　龚道清
副主编　张　军　王志强
编　委　关佳佳　朱丽惠　武艳军
　　　　居　勇　葛洪德　苗珍才

科学技术文献出版社
SCIENTIFIC AND TECHNICAL DOCUMENTATION PRESS
·北京·

图书在版编目(CIP)数据

这样就能办好家庭肉鸽养殖场 / 龚道清主编. —北京：科学技术文献出版社，2015. 5

ISBN 978-7-5023-9591-9

Ⅰ. ①这… Ⅱ. ①龚… Ⅲ. ①肉用型—鸽—饲养管理 ②肉用型—鸽—养殖场—经营管理 Ⅳ. ① S836.4

中国版本图书馆 CIP 数据核字（2014）第 271174 号

这样就能办好家庭肉鸽养殖场

策划编辑：乔懿丹　责任编辑：陈家显　责任校对：赵　瑗　责任出版：张志平

出 版 者　科学技术文献出版社
地　　址　北京市复兴路15号　邮编 100038
编 务 部　（010）58882938，58882087（传真）
发 行 部　（010）58882868，58882874（传真）
邮 购 部　（010）58882873
官方网址　www.stdp.com.cn
发 行 者　科学技术文献出版社发行　全国各地新华书店经销
印 刷 者　北京时尚印佳彩色印刷有限公司
版　　次　2015 年 5 月第 1 版　2015 年 5 月第 1 次印刷
开　　本　850 × 1168　1/32
字　　数　190千
印　　张　9　彩插4面
书　　号　ISBN 978-7-5023-9591-9
定　　价　23.00元

前　言

鸽肉营养丰富，肉质细嫩，味道鲜美，营养价值比其他家禽高，为肉中上品。肉鸽饲养作为一种新兴的特种养殖业，它伴随着我国改革开放的政策实施而诞生，又伴随着我国香港特区、东南亚乳鸽市场的大量需求而兴起。由于肉鸽具有饲养简单、投资少、成本少、用粮少、见效快、经济效益高等特点，肉鸽养殖业发展速度很快，一些地方已经把肉鸽养殖作为广大农村调整产业结构和农民脱贫致富的重要途径，涌现出许多家庭养鸽场，并逐步走向规模化、专业化、产业化的发展之路。

随着我国人民生活水平的提高，膳食结构的改善，人们转变了消费意识，越来越关注自己的健康，饮食也向高蛋白、低脂肪方向转化，鸽肉产品正符合这一市场需求，因此肉鸽养殖具有广阔的前景。尽管目前我国肉鸽生产有了很大的发展，但仍然存在一些问题，主要表现为饲养品种质量不高，饲养方式落后，饲养管理粗放，饲养环境差，饲料配制不合理，防疫措施不力，一些新知识、新技术得不到普及推广并缺乏有效的经营管理等。这些因素制约了我国肉鸽养殖业的健康发展。为了满足家庭鸽场对技术和管理的需要，使得肉鸽养殖向优质、高效方向发展，我们组织了相关科技人员，收集了有关资料，并结合实际养殖中的经验编写了本书。本书主要就肉鸽品种、肉鸽繁殖、日粮配制、鸽舍建造、饲养管理、疾病防治和经营管理等方面作了较为详细的介绍。内容安排注重科学性和实用性。

在编写过程中，我们参阅和引用了许多专家的资料，并承蒙有关同志的支持和帮助，在此一并致谢。

由于编者的水平有限，书中错误与不足之处在所难免，恭请广大读者予以批评指正。

目　录

一、怎样选择优良肉鸽品种

(一) 肉鸽的优良品种

肉鸽又称为菜鸽、食用鸽,它是以生产乳鸽为目的向人们提供品质优良的肉食品。其主要特点是体型较大,胸阔而圆,颈粗而背宽,肌肉丰满,腿部粗壮,性情温顺不善飞翔。雏鸽繁殖能力强,生长速度快,1 对良种肉鸽 1 年可育雏 6~8 对,一般雏鸽发育未满月其体重已与亲鸽相近,甚至超过亲鸽。肉鸽品种繁多,现将主要的品种介绍如下。

1. 国外优良肉鸽品种

(1)王鸽

王鸽原产于美国,是目前世界上公认的优良大型肉用种鸽。王鸽的体型就好像一只老母鸡,胸宽背圆,尾短而翘,平头,喙短,鼻瘤小,头盖骨圆而向前隆起,目光锐利,瞳孔带茶黑色,眼睑皮粉红色,羽毛紧密,光腿,性情温顺。成年公鸽体重 800~1 100克、母鸽 700~800 克,年产乳鸽 6~8 对,4 周龄乳鸽体重 600~800 克。王鸽按羽色又可分为白王鸽、银王鸽和红绛王鸽等。

①白王鸽:白王鸽的培育最初是为了生产肉用乳鸽用,后来又培育做展览用。1980 年,在美国新泽西州培育而成。其特征是全身羽毛洁白,颈部的白羽闪出微绿色的金属光泽,嘴呈肉红色,鼻瘤很小,眼大有神,眼球呈深红色,胫爪枣红色。成年鸽体重 800～1 000 克,青年鸽体重 750～950 克,年产乳鸽 6～8 窝,乳鸽体重达 750 克左右,鸽肉嫩滑,汤汁味美。

②银王鸽:1909 年,在美国加利福尼亚州育成。它是灰色的蒙丹鸽、鸾鸽、马尔他鸽和荷鸾鸽进行四元杂交育成。它有两个系:一个展览用,另一个是生产肉用仔鸽用。银王鸽体型比白王鸽稍大,羽色并非银色,而呈灰壳羽。其头、尾部的灰羽软,翼羽上有两条具有青铜色光泽的深色明纹。成年鸽的体重以 800～1 020 克占多数,产蛋量达每年每对 10 窝,乳鸽生长快,饲料价格高。

③纯红绛王鸽:纯红绛王鸽的外貌特征、体型体重等都和白王鸽一样。在我国饲养这类鸽子的为数不少。也很受大家的欢迎。另外还有土黄、黑等颜色的。

(2)鸾鸽

鸾鸽原产于意大利和西班牙,是一种最古老而体型、体重最大的肉鸽品种,经美国引进改良,已成为目前世界上所有鸽子中体型最大的肉鸽。成年鸽体重:雄鸽 1 400 克,雌鸽 1 250 克;青年鸽体重:雄鸽 1 200 克,雌鸽 1 150 克。年产仔鸽 6～8 对,4 周龄的乳鸽体重可达 750～900 克。主要特点是体型短,平头而眼大,胸部稍突,肌肉丰满。繁殖力强,不善飞翔,性情温顺,抗病力强,适宜笼养,较易管理。缺点是雏鸽生长慢,到童鸽以后才迅速生长发育。体型过大，孵化时易压破蛋而影响孵化率。它的最大用途是作为杂交亲本的理想品种。就是利用其体型大的优良基因与其他鸽种杂交，培育出更加适合市场需要的新鸽种。

(3)贺姆鸽

1920年，美国用食用鸽贺姆鸽、卡奴鸽、王鸽和蒙丹鸽等四元杂交而育成，为早年闻名于世的大型多品系品种，包括美国大型贺姆鸽、英国纯种贺姆鸽以及竞赛贺姆鸽等多个品系。在当时王鸽尚未大量生产的情况下，它是美国肉鸽市场的主要货源。贺姆鸽的乳鸽体重并不亚于今日的王鸽，只是由于产蛋不够多(每年产蛋5～6对)，才让王鸽后来居上。

成年贺姆鸽标准体重：雄鸽680～765克，雌鸽624～701克，重者可达1 000克。乳鸽体重可达600～750克。这种鸽的特点是育雏期亲鸽和雏鸽的食量大，耗料较多。雏鸽阶段生长快，但一旦过了乳鸽期体重就递减，繁殖率较低。

(4)蒙丹鸽

蒙丹鸽原产于意大利和法国，其体型与白羽王鸽相似，呈方型，胸宽而深，龙骨较短。因此鸽体大如山，不喜飞翔，喜在地上行走，亦不愿高栖，故又名地鸽。该鸽广泛分布于南欧各国。目前杂交后代较多，形成了明显的地理差异，大致可分为四个类型，即毛冠型、平头型、爪胫有毛型和爪胫无毛型。

此鸽是优良的肉用鸽，其成年公鸽体重750～850克，母鸽体重700～800克，重者达1 000克左右，1个月龄乳鸽体重可达750克以上，每年产乳鸽6～8对，育雏性能很好。现有法国蒙丹鸽、瑞士蒙丹鸽、美国蒙丹鸽以及印度蒙丹鸽、意大利蒙丹鸽、西班牙蒙丹鸽。

(5)卡奴鸽

原产于法国的北部和比利时的南部,是肉用和观赏两用鸽。卡奴鸽外观雄壮,颈粗,胸阔,站立时姿势挺立。体型中等结实,羽毛紧凑,属中型级鸽种,成年公鸽体重达700～800克,母鸽达600～700克。4周龄乳鸽体重可达500克左右。这种鸽性情温顺,繁殖力强,每年产乳鸽6～10对,高产的达12对以上。其就巢性与育雏性能较好。有的一窝可哺育3只乳鸽,换羽期也不停止生育。此鸽喜欢每天饱食1次,到第二天再食。故饲养此鸽省工、省料、成本低。羽色有纯正、纯白、纯黄3种,三色相混合者也有。

2. 国内优良肉鸽品种

(1)石岐鸽

石岐鸽产于广东省中山县石岐镇,它是国内育成较早的肉用品种。该鸽的育成无详细历史资料记载,一般是以当地鸽子为母系,而外来的优良品种为父系,经多元杂交而育成。

石岐鸽的标准体型为灰二线,细雨点,呈蕉蕾型。生产性能较好,但蛋壳较薄,孵化时易被踩破。成年标准体重:雄鸽680～794克,重者可达900克,雌鸽652～766克。每年产乳鸽7～9对,雏鸽体重约600克。石岐鸽的主要特点是:体型长,翼长和尾长形如芭蕉的蕉蕾,为平头光胫、鼻长嘴尖、胸圆细目。

该鸽适应性强,耐粗易养,性情温驯,骨软,肉嫩,味美,深受消费者的欢迎,但雏鸽体重偏小,市场竞争力差。

(2)佛山鸽

佛山鸽是我国优良的肉用种鸽之一,生产性能良好,生长快,繁殖率高,体型健美,平头光胫,紧羽,目光锐利,颈部粗胖,羽毛多是蓝间、红条、白羽,而且多数是珠色眼带有深红血蓝色彩,成年鸽体重可达 700～800 克,体型大的可达 900 克,种鸽每年产仔鸽 6～7 对,生产性能好,30 日龄乳鸽体重可达 500～650 克。佛山鸽肉的品质较好,在餐桌上其色、香味不亚于石岐鸽。

(3)杂交王鸽

主要是我国香港特别行政区及我国台湾地区养鸽者利用王鸽和石岐鸽或肉用贺姆鸽杂交,所生后代,也称为我国香港特别行政区杂交王鸽和东南亚王鸽。其体型介于两者之间,体重也稍轻。杂交王鸽的体重适中,1 年龄成鸽体重:雄鸽 650～800 克,雌鸽 500～700 克。杂交王鸽的繁殖性能也较好,每对种鸽每年产乳鸽可达6～7对。但是,杂交王鸽的遗传不稳定,体型和毛色不一,易发生品种退化,必须不断进行选育,才能留作生产鸽。

(4)广东肉鸽

它是广东省家禽科学研究所和该地其他有关单位于 1980 年前后用国外引进的银白王鸽、美国白王鸽与当地的鸽子进行多元杂交繁育和生产繁殖,几经改良形成的广东省自己的杂交品系,也是我国有名的肉用鸽。其成年鸽体重:雄鸽 750 克,雌鸽 650 克,每年产仔鸽 6～8 对,21～28 日龄的雏鸽体重达 600 克以上。

(二)优良肉用种鸽的选择及引种注意事项

1. 优良肉用种鸽的选择

(1)品种特征明显

每个品种鸽都有自己的体型特点和生产性能指标。生产上对肉用种鸽的要求是:体质健壮,结构匀称,发育良好,有较高的繁殖力;性情温顺,采食性强,抗病力强,有良好的适应性;体型宽阔,胸部饱满突出,喙短颈粗,两腿直立,间距宽,龙骨直,背平宽而长;双目有神,虹彩清晰,无畸形残疾。除此之外,还要求各品种特征明显,如前所述王鸽、蒙丹鸽和卡奴鸽等。

(2)生产性能好

肉用种鸽是以繁殖乳鸽为主要的目的,繁殖力高是应具备的基本条件。要求每年产蛋需达到 7～9 窝,年产仔 6～8 对,若少于 6 对,表明鸽子的生产性能不好,可作为商品肉鸽出售,不能留作种用。种鸽应性情温顺,容易调教,好饲养,就巢性好,勤于孵化,善于护理胚蛋和幼雏;种蛋受精率,孵化率,雏鸽成活率均在 85%以上。留作种用的鸽子,其乳鸽20～25 日龄体重应达 500 克左右,4 周龄乳鸽活重达 600 克以上,成年公鸽 750 克以上,母鸽 650 克以上。

(3)体质健康

优良的种鸽必须具有良好的体质。种鸽进入生产期以后,产蛋、孵化、育雏连续进行,在第一窝雏鸽哺育至 18 日龄左右,可开始产第二窝蛋,于是要一边孵蛋,一边哺育雏鸽,体力消耗很大。只有体质强健,才有充沛的精力用于产蛋、孵化、哺育等一系列生产活动,才能承受巨大的生理负担,顽强地生存和繁殖,并抵御各种传染病的侵袭。

(4)具有稳定的遗传性

在生产实践中往往会出现这种情况,即优良的种鸽产出的后代不良,这是遗传变异现象。这种不能把优良性状遗传给后代的个体不能作种用。选留种鸽时,不能仅凭表面现象判定是否可留作种用,还应根据系谱鉴定、后代鉴定等方面进行多性状比较,然后才可作出最后结论。

2. 引种注意事项

(1)做好引进种鸽前的准备工作

①引种前要建好鸽舍,安置好鸽笼,准备好各种饲养用具,备好饲料:如果是旧房改建的鸽舍和采用旧板料自制的鸽笼(巢箱),食槽等,引种前要彻底洗刷消毒。

②根据办场的目的确定品种:如果是办商品乳鸽场,应选择繁殖力强和适应性好的中型肉鸽品种;如果是办培育种鸽场,考虑到育种的需要,应尽可能多地引进几个肉鸽品种,然后不断进行杂交选育,逐步培育出高产的鸽群。

③根据饲养员技术的熟练程度来确定引进种鸽的规格:一般初学养鸽者以引进 3 月龄的青年鸽较好;具有丰富养鸽经验和种鸽鉴别能力者,可以少量引进成鸽和大批量刚离巢(1 月龄)的童鸽。

④根据现有设备和经济条件确定引种数量:初学者引进 50 对左右,待饲养成功后,再扩大饲养规模较为妥当。尚未掌握好

技术就大量引种，那是要冒很大风险的。

⑤对种鸽及其产地状况进行必要的调查了解：应当参观3～5个同类型的鸽场，加以比较，谁的种鸽好、价格便宜、运输方便，不能到集市上盲目大量收购商品鸽回来办鸽场，还要了解引种鸽场的词养管理水平和鸽病发生情况，切勿前往最近1～2个月内发生过传染病的鸽场引种，也不可到鸽病流行的地区调种。

(2)种鸽的运输及注意事项

新购种鸽运输得当，可减少种鸽因路途颠簸及不良气候环境等应激因素而引发的疾病及死亡。在运输中应尽量做好以下几点，以减少因运输而造成损失。

①运输笼具的准备：运输种鸽的笼具最好用铁丝制成，长100厘米，宽50厘米，高25厘米，四周框架要坚固，每笼可装种鸽20～25只；笼具不宜太高，也不宜太低。太高了会浪费运输工具的空间，增加运输成本；太低了则会导致通风不良，也容易压伤种鸽。

②运输工具及笼具事先要用强力消毒精、百毒杀、抗毒威或来苏尔等药物消毒1～2次。

③种鸽运输前3天，特别是4～6月龄的青年鸽，应用0.2%的敌百虫水沐浴。气温较低时中午沐浴1次，气温较高时，沐浴2次。第二次沐浴时可加入适量百毒杀对鸽体进行消毒。

④饮水中加入青霉素或庆大霉素：每只5 000国际单位，同时补充多种维生素，以增强抵抗力，预防应激。

⑤运输前一餐不能给种鸽喂的太饱，一般喂七八成饱即可，但饮水必须充分保证。若路程较短，在1天内即可到达，则中途

无须喂饲料，可中途休息时喂水1～2次；若路程较长，需2天时间，则可利用中间休息时供饲料1～2次，饮水3～4次；中途加喂的饲料，最好事先用清水浸泡半小时后再喂给，以利种鸽的消化。

⑥炎热天气可利用早、晚或夜间行车，白天休息，并将运输车辆停放于阴凉处，停车后先喂水再喂少量湿饲料；寒冷季节运种鸽则应利用白天行车，并注意关闭车厢的窗户，只留通风孔即可，以防种鸽受凉感冒。

⑦运输过程中，最好每2小时检查种鸽的动态1次。如发现种鸽张口呼吸，羽毛潮湿，说明温度过高；如发现种鸽挤在一起，缩头，打颤，则说明温度太低；温度不适时应及时开启或关闭窗户，以调节车厢内的温度。

⑧种鸽运输抵达目的地后，应立即将种鸽放入阴凉的并已消毒好的隔离鸽舍内，饲养观察3～4周，若未发现任何疫情方可解除严格的隔离，但最好还是不要与原有种鸽混养，以便管理和防疫。

(3)引种后的饲养管理

种鸽经过长途运输，饲养环境改变，往往容易发生应激反应而导致发病。如有的种鸽本身就带着沙门氏菌、衣原体、鸽瘟、白色念珠菌、毛滴虫及体内外寄生虫等，一旦受到不良应激极易导致发病。为防止因应激而导致发病，必须对引进的种鸽精心管理，增加营养，以增强体质，预防疾病的发生。

①将引进种鸽放入临时鸽棚内，与青年鸽一样饲养，待种鸽安定以后会很快找回自己的配偶。此时只要将相对相随、互相接近的一对对种鸽，捉入笼中单对笼养，或小棚群养棚即可。如

果原来100对都已配对的种鸽混在一起，那么，百分之百会找回原来的配偶。

②将认出的一对对种鸽，逐对放入种鸽棚或单对笼养前需对种鸽棚和鸽笼进行消毒，对种鸽要进行1次驱虫。

③如有剩余的不是原配雌雄鸽，可以等待它们自由结合，一旦配成对即捉进生产棚，但直到最后还不相配对的，可用配对鸽笼和服维生素E片，促进种鸽相配对。

当确实雌鸽或雄鸽多时，可以设法买进相同数量的种鸽，即缺雌买雄，缺雄买雌，以求得完全配对。没有留种价值的种鸽，应该淘汰。

④增加营养，增强体质：为保证种鸽的健康生长，其日粮中的蛋白质饲料应占20%～50%，能量饲料占75%～80%，饲料中种类不少于5种，以保证营养充分，保健砂应每2～3天供应1次，并适当增加多种维生素、生长素以及具有清热解毒、抗菌消炎等功用的穿心莲、龙胆草等中草药。

具体方法：可于饮水中按每只每天加喂青霉素5 000国际单位，链霉素30 000国际单位，连用4天。同时加入电解多种维生素，连用6～8天，以补充营养，增强体质，增强抗病能力，预防细菌性疾病的发生。鸽群精神较好，气温暖和时，可给种鸽沐浴，一般每周2～3次。若有外寄生虫病可用药物沐浴；若购进种鸽原系地面饲养，待鸽群稳定后，用左旋咪唑等驱杀体内寄生虫；若原来系离地饲养，则可推迟到配对前半个月进行驱虫。

二、怎样繁殖肉鸽

(一)鸽子的性别和年龄鉴定

1. 鸽子的性别鉴定

鸽子的雌雄鉴别是肉鸽生产、繁育工作中不可缺少的技术。在产鸽中如果雌雄比例不当,不但鸽舍不得安宁,而且产蛋率低,或产无精蛋多,或者是配不成对的鸽子就会飞到别的鸽群中去寻找配偶而不回巢。因此,准确地鉴别出鸽子的性别,对选种、配种和提高孵化率等都是十分必要的。但鸽子的雌雄鉴别有相当的难度,肉鸽的性别鉴定,主要有以下几种方法:

(1)鸽蛋的胚胎鉴别法

①依产蛋时间的早、晚进行鉴别:后备种鸽长至 6 月龄时开始产蛋,一般产第一枚蛋孵出的乳鸽多为公鸽,过 24 小时后产第二枚蛋孵出的乳鸽多为母鸽。这样,可用人为的办法把多余的公鸽提前淘汰,减少公鸽的饲养成本。

②鸽蛋胚胎鉴别:鸽蛋产下后经 5 天的孵化,用照蛋器观察,若是受精蛋,胚胎开始发育可以清楚地看到胚胎周围血管分

布。胚胎两侧血管分布对称蜘蛛网状时，且血管较粗多为公鸽胎儿；相反，两侧血管呈不对称网状，血管细而长，多为母鸽胎儿。

(2)乳鸽的雌雄鉴别

①外貌鉴定：雄鸽反应较敏捷，争食性强；较先离巢，活泼好斗；体型健壮，生长较快；头粗大呈方形，喙阔厚稍短，鼻瘤大而扁平，鸽尾斗(尾脂腺尖端)不开叉。雌鸽反应迟钝，生长缓慢；体型小而紧凑，头小而圆，鼻瘤小而脚细小，鸽尾斗开叉。

②触摸法：以手伸进乳鸽头部前面时，如反应敏感，羽毛竖起，姿势较凶且用嘴啄手或翅膀拍打者多为雄鸽；乳鸽走动时，先离开巢盆，且较活泼好斗的多为雄鸽；反之为雌鸽。

上述两种方法鉴定即便有经验的人准确率也不过60%～70%，尚需要用观肛法来进一步鉴定。

③肛门鉴定：在5～10日龄羽毛尚未丰满时观察最为方便。将其肛门稍稍掰开，从后面看，雄鸽肛门两端微向上翘，而雌鸽的则向下弯；从侧面看，雄鸽肛门上缘长下缘短，上缘包着下缘，而雌鸽的情形则正好相反(见图2-1)。

(3)童鸽的雌雄鉴别

在童鸽期间，1～2月龄时，性别最难鉴别，通常只能由外形及肛门等部位来鉴别。鸽龄在2～3月龄时，雌雄鉴别也较难，4～6月龄时鉴别比较容易，可以从以下几点进行鉴别：

①外貌鉴别：雄鸽头较粗大，头顶呈圆拱形，喙大而稍短，鼻瘤大而突出，脚较粗，目光凶恶，眼睑及瞬膜的开闭速度快，羽毛有光泽，主翼羽末端较尖；而雌鸽体型紧凑，头部较小，顶部扁平，喙长而窄，脚细短而稍扁，眼神温和，眼睑及瞬膜的开闭速度

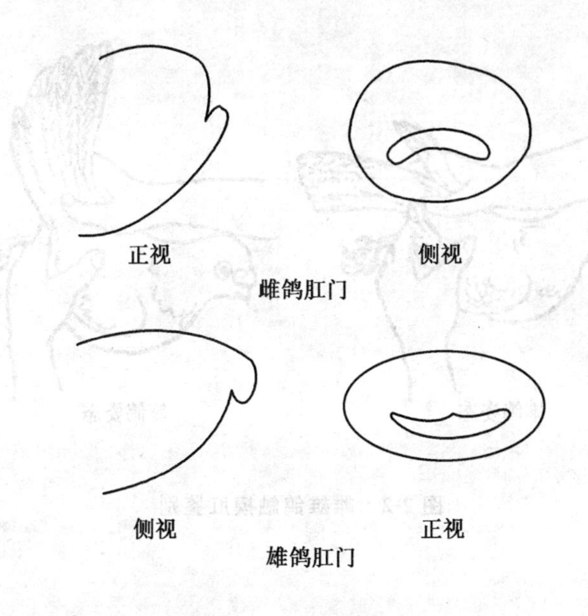

图 2-1 乳鸽肛门外侧

较慢，羽毛光泽度差，主翼羽末端较钝。

②触摸鉴别：雄鸽颈粗而硬，龙骨末端与耻骨间的距离较窄，两耻骨间的距离窄而紧，抵抗力强，挣扎有力，用手水平牵引鸽喙时，尾羽多下垂；雌鸽颈细而软，龙骨末端与耻骨间的距离较宽，两耻骨间的距离宽 4～5 厘米，抵抗力较弱，用手水平牵引鸽喙时，尾羽多扬起（见图 2-2）。

③肛门鉴别：3～4 月龄以上的肉鸽，雄鸽的肛门闭合时向外突出，张开呈六角形；雌鸽的肛门闭合时向内凹入，张开呈花形（见图 2-3）。

（4）成鸽的雌雄鉴定

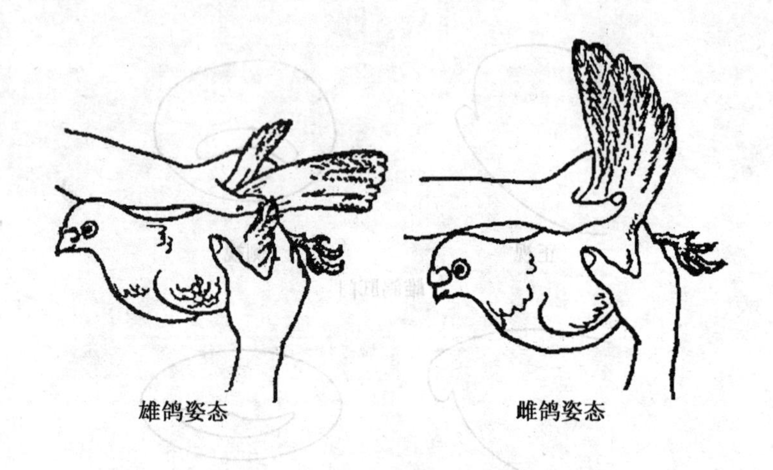

图 2-2 雌雄鸽触摸肛鉴别

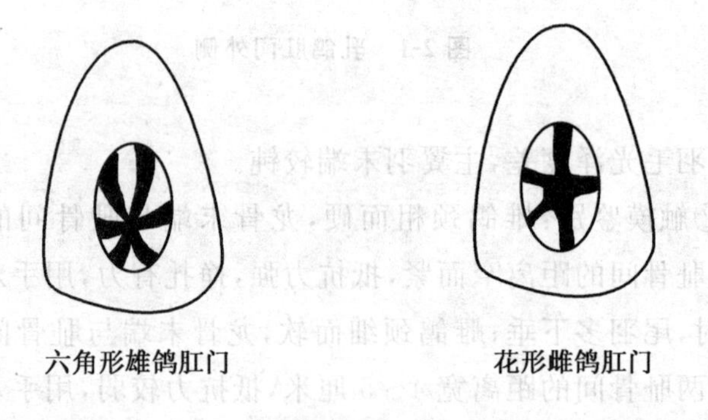

图 2-3 童鸽肛门外观

由于成年雌雄鸽的外貌十分相似，并且一同参加孵蛋，也都能产生鸽乳喂哺乳鸽。即使交配动作，也相互上、下，不仅公鸽会跳到母鸽背上，母鸽也会跳到公鸽背上；也常见公鸽追逐母鸽，母鸽追逐公鸽的情况。这些都给鸽的雌雄性别鉴别带来一定困难。成年鸽雌雄鉴定可采取下列方法。

①外貌鉴别法：同品种成年雄鸽身体较粗大，颈较粗而硬，脚较粗而有力，头较大而圆；而雌鸽身体较细而小，体型紧凑，颈较细而软，脚较细而小，头顶平面较窄。

②鼻瘤鉴别法：雄鸽的鼻瘤较宽而显得大；而雌鸽的鼻瘤较窄而显得小。

③嘴鉴别法：雄鸽的嘴部较厚而短；而雌鸽的嘴部较薄，较细长。

④龙骨（胸骨）鉴别法：雄鸽的龙骨较长而稍弯曲；而雌鸽的龙骨较短而平直。

⑤骨盆鉴别法：雄鸽的骨盆较窄，左右耻骨间距一般仅约一手指宽；而开产（下蛋）的雌鸽的骨盆较宽，左右耻骨间距通常达二手指宽。

⑥羽毛鉴别法：雄鸽的颈羽较粗短而富有金属光泽，在求偶时，张开呈圆圈状，尾羽散开如扇状，主翼羽的尖端钝圆状，尾羽常污秽不洁；而雌鸽的颈羽较细长而松软，金属光泽较暗淡，主翼羽的尖端呈尖状，尾羽通常干净。

⑦神态鉴别法：雄鸽活泼、好斗、常追逐雌鸽，并发出“咕咕”声，鸣声洪亮，两眼多凝视，显得有神，瞬膜内动迅速、频繁，捉起时，感其挣扎有力，用手指将喙水平方向向前轻轻牵引时，则尾羽下垂；而雌鸽显得温顺，好静不好斗，发情时，常依偎在雄鸽身旁，显得十分亲昵，鸣声较低沉，瞬膜开闭迟缓，且频率较小，双目神态温和，捉在手，可感觉其挣扎力较弱，用手指水平方向向

前牵引喙时,尾羽多为上扬。

⑧孵蛋时间鉴别法:雄鸽多在白天孵蛋,一般是从上午9:00到下午4:00左右;而雌鸽孵蛋,多在晚上至第2天上午,一般是从下午4:00到第2天上午9:00左右。

⑨亲吻动作鉴别法:亲吻时,雄鸽一般是张开上、下喙接受雌鸽的亲吻;而雌鸽一般是微张或不张开上、下喙,并将喙插入雄鸽的嘴内。

⑩肛门鉴别法:雄鸽的肛门在闭合时,呈凸形,在张开时则呈六角形;而雌鸽的肛门,在闭合时,呈凹形,在张开时则呈花形。

2. 年龄鉴定

鸽子的寿命一般为15～20年,甚至30年之久,而最佳生育年龄为2～4岁,肉鸽一般可利用生产期5年。年龄鉴别在养鸽的生产实践中具有重要意义。一是根据鸽的年龄了解其生长发育情况,及时配对,尽早进入生产期,创造经济效益;二是根据其年龄估测其生产性能,选留繁殖高峰期的优秀种鸽和及早淘汰生产性能下降的种鸽,提高经济效益。鸽子常见的雌雄鉴别方法如下:

①羽毛鉴别法:鸽子两翼各有10根主翼羽和12根副主翼羽,在鸽子1.5～2月龄时开始更换第一根主翼羽,以后则每隔15～20天左右顺序更换1根,顺序由里向外换到第6～7根时,鸽子4～5月龄达到性成熟;换至最后1根时,鸽子约6月龄。副主翼羽12根,主要是识别成鸽的年龄。副主翼羽每年从里向外顺序更换1根,更换后的羽毛显得颜色稍深且干净整齐。翼

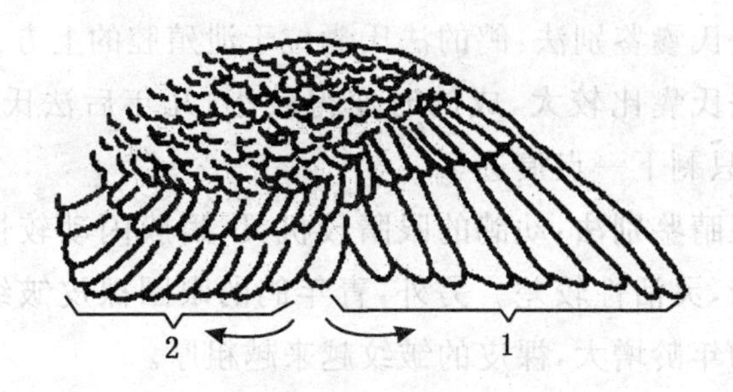

1. 主翼羽 2. 副主翼羽

图 2-4 鸽子翼部羽毛脱换次序

部羽毛脱换次序见图 2-4。

②嘴甲鉴别法:年龄越大喙的末端越钝、越光滑。乳鸽喙的末端较尖,软而细,童鸽的喙较厚而硬;成年鸽喙较粗短,末端较硬而滑。成年鸽由于哺育乳鸽,嘴角出现茧子,成结痂状。年龄越大,哺仔越多,嘴角的茧子就长得越大,5 年以上的青鸽,嘴角两边的结痂粗如锯齿状。

③鼻瘤鉴别法:一般鸽的鼻瘤随着鸽年龄的增大而稍微变大。乳鸽鼻瘤红润,童鸽的鼻瘤呈浅红且有光泽,2 年以上的鸽子有薄薄一层的粉白色外层,4～5 年以上的鸽子,鼻瘤粉白而变得较粗糙,7～8 年的鸽子则鼻瘤显得干枯粗大,褶皱深,色如面粉撒在上面,形似小山包。

④脚趾鉴别法:童鸽脚的颜色鲜红,鳞纹不明显,鳞片软而平,趾甲软而尖,脚垫软而滑,2 年以上的鸽脚的颜色呈暗红,鳞纹细而明,鳞片及趾甲稍硬而弯;5 年上的鸽脚变紫红色,鳞纹明显而粗,鳞片突出且粗糙,上面附着白色小鳞片,趾甲粗硬而弯曲,脚垫厚而粗硬。

⑤法氏囊鉴别法：鸽的法氏囊位于泄殖腔的上方。童鸽、青年鸽的法氏囊比较大，成鸽时变得较小，几年后法氏囊变得很小，或者只剩下一点痕迹。

⑥眼睛鉴别法：幼鸽的眼睛较机灵，瞬膜闪动较快，年老鸽眼神迟滞，灵活性较差。另外，青年鸽的眼圈裸皮皱纹很细，随着鸽子的年龄增大，裸皮的皱纹越来越粗厚。

3. 鸽子的捕捉和抓握方法

鸽子是一种翅翼强硬的鸟，若不能正确掌握捉鸽、握鸽、持鸽、给鸽和接鸽等方法，很容易损伤翼羽，甚至导致死亡。另外，养鸽中粗暴的恐吓和乱追、乱捉，会影响人与鸽的亲和关系。因此，正确的捕捉和抓握鸽对养鸽者来说是必须掌握的。

①捉鸽：抓笼子里的鸽时，先把鸽赶到笼子一角，用拇指搭住鸽背，其他四指握住鸽腹，轻轻将鸽按在笼子上，然后用食指或中指抓住鸽子的双脚，头部朝前往外拿。还有一种抓鸽的方法是：用纱布制成100厘米×200厘米的长方形口袋，袋口用铁丝穿成圆圈，固定在2～5米的竹竿上，用它去套鸽子。这种方法适合用于捕捉在地面行走或落在高处的鸽子。捉到后，先用拇指轻压在鸽子的背部，其余四指轻握腹部，并用中指与食指挟住鸽子的双脚，头上尾下地从袋中取出。

抓群养鸽舍内的鸽子时，先把鸽赶到鸽舍的一角，两手高举，从上而下"快而轻"的捕捉。不要用力过猛，以免惊吓鸽群或使鸽受损伤。对雏鸽应尽量少捉拿。捉拿时，将鸽用左手托住，以右手掌按住其背部，防止鸽逃走。当鸽子从手中挣脱时，千万不要抓住其尾部，因为抓尾羽时，鸽子是最容易逃脱掉的(见图2-5)。

图 2-5 捉鸽的方法

②握鸽(见图 2-6)

方法一:右手用拇指与食指紧紧握住翼羽和尾筒,食指与中指夹住两脚,其余两指托住鸽的腹部。必要时,还可以用左手托住鸽的左侧前胸。

方法二:用小拇指勾住鸽肩部,无名指、中指、食指握住鸽背翼部,大拇指握住鸽脚。

③持鸽:持鸽的方法一般是让鸽子对着自己的胸部,单手拿鸽子时,用中指和食指夹住双脚,手掌托住鸽身,用大拇指、无名指、小指握住鸽子的翼羽,这样鸽子就被牢牢握在手中。然后再用右手托住鸽胸,这样持鸽鸽子很老实。此法称为双手持鸽法。

④给鸽:如果将所拿的鸽子递给别人时,用右手握住鸽子的后背,其中食指按住鸽的肩部,大拇指在鸽体左侧,其余三指在

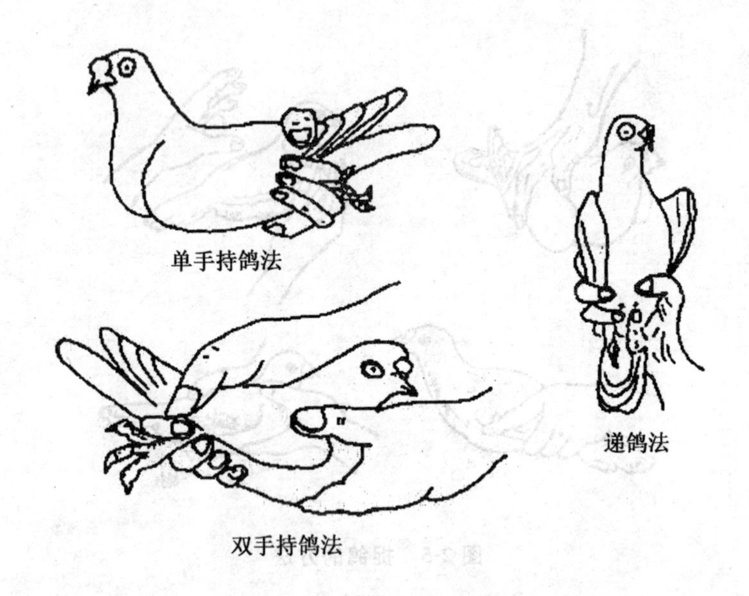

图 2-6　持鸽、递鸽方法

鸽体右侧，全掌按在两翼上，将两脚握于小指及无名指的下面。

⑤接鸽：从别人手里接鸽时，要用上面的双手持鸽法。

总之，在捉鸽、握鸽、持鸽、给鸽和接鸽过程中，不能紧压肋部翼窝处，以免鸽子受伤死亡，不能让翅膀长时间拍打，以免羽毛脱落，让鸽子中途飞跑。

（二）肉鸽的选种选配

对于一般养肉鸽的人来讲，饲养肉鸽主要是为了获利。因此，对种鸽的来源和品质尤为关注。选种是在鸽群中按照肉鸽的标准来衡量各个个体，把品质较优的个体挑选出来当做种用，并把品质较差的个体选出予以淘汰。

1. 选种方法

选种时必须根据个体品质、系谱和后裔等方面进行综合考察和对比分析，才能做出科学的决定。

(1)个体品质鉴定

个体品质鉴定，主要是以本品种的优良性状或育种目标为依据进行选择，包括外貌鉴定和生产力两部分鉴定。

①外貌鉴定：通过肉眼观察、手的触摸和测量去判断哪些鸽子可以留做种用。通常体型要求大或中偏大，胸廓背平，脚粗，龙骨直而不弯，躯体、脚及翅膀无畸形；性情温和，易管理，抗病力强，耐粗饲；羽毛紧密且有金属光泽，眼有神，虹彩清晰。

②生产力鉴定：主要从繁殖性能、生长和育肥能力等方面来鉴定。要求繁殖力强，遗传基因稳定，每年产 6～8 对仔鸽。仔鸽生长到 20～25 日龄，如果营养状况良好，体重应达 500～750 克，成年公鸽 750 克以上，母鸽 650 克以上，易熟易肥，产蛋大，产肉量高等。

(2)系谱鉴定

系谱是指鸽子还祖的有关资料，通常由种鸽场记录保存，有条件的种鸽场都应建立系谱档案，通过对系谱分析，了解每只种鸽的历史情况和遗传特性，供选种时参考。系谱鉴定是指对鸽子上代生产性能进行鉴定。研究系谱能了解每只种鸽的生产性能和遗传特性，从中发现理想的个体，选择时一般考查 3～5 代的情况，因相隔代数越远，对后代的影响越小，因此以父母代为主,同时也要看各代的趋势。通过对各代的生产性能趋势的比较,从系谱中选择出一代比一代优良的后代留做种用。

(3)后裔鉴定

后裔鉴定就是通过测定后代的生产性能来选择与淘汰种鸽的最高形式。在鉴定时,不宜根据个别劣势的后裔就对种鸽作出否定的结论,应根据体型、体质、生长发育、产卵、孵育乳鸽的生长速度和育肥能力、饲料利用、生活力和抗病力等多种性状进行综合考查。

①后裔鉴定方法

a. 后裔与亲代比较:以第二代母鸽的配对繁殖生产性能同亲代母鸽的比较。如果"女鸽"的平均成绩超过"母鸽"的成绩,则说明"父鸽"是良好的种鸽;如果"女鸽"的平均成绩低于"母鸽",则"父鸽"为恶化者。

b. 后裔与后裔比较:1 对种鸽在繁殖数窝后即拆对,更换为 1 只母鸽同原来的公鸽交配,然后比较 2 只母鸽所得后裔的性能,便可以判断母鸽遗传性能的优劣。

c. 后裔与群鸽的比较:以种鸽所产后裔的生产指标与群体平均数作比较,如前者的生产指标高于群体的平均数,则这对种鸽为优良者,相反则是劣化者。

后裔鉴定要注意以下三点:

一是必须要考虑给后裔以相应的生长发育条件,因为后裔的品质优劣虽与双亲的遗传性有密切关系,但受生活环境的影响更大;

二是不能仅根据几只后裔的性状就作出判断,原因是优良种鸽在繁殖优良后代的同时,也会繁育出一些低劣后代;

三是要考虑用后裔与鸽群进行比较,如果后裔的各项指标均达到或超过鸽群,则该种鸽为优良品种。

②肉用鸽的评定标准:可分为上、中、下三等。根据国外和我国的实际情况,从目前肉用鸽的体重增长看,25 日龄的乳鸽活重达到 600 克以上者可列为上等;500～600 克者列为中等;500克以下者为下等。

具体种鸽生产情况年产评定标准,如表 2-1 所介绍,产蛋的对数和乳鸽的重量,都与科学技术水平的高低、饲料搭配的好坏、饲养管理条件的好坏等有着密切的关系。

表 2-1 种鸽年产蛋评定标准

种鸽名称	年产数(对)	乳鸽 4 周龄重量(克)
大王鸽	8～10	600～850
大鸾鸽	8～10	750～950
卡奴鸽	10～14	500～850
地鸽	8～14	700～900
大贺姆鸽	7～8	550～850
石岐鸽	10～14	500～800

2. 选配方法

选配是在选种前提下,选择品种优良的、适宜结合的两只异性鸽子进行配对,繁殖后代。选配恰当,可以充分发挥优势种鸽的作用。选出优良的种鸽后,能否繁殖出优良的后代,除取决于种鸽本身的品种和遗传性能外，还取决于雌雄配合方法是否得当。一般从种鸽的品质、亲缘关系、年龄三方面的最佳效果考虑种鸽的选配。

(1)品质选配

可分为同质选配和异质选配两种。

①同质选配就是选择体型外貌、生长性能等性状相近的公母鸽进行交配，使其后代能加强和巩固他们的优良性状，保持种鸽的优良特点。同质选配可分为表现型同质选配和基因型同质选配。这种方式一般适用于品系内的个体交配。同时要考虑到它的缺点会造成后代缺点的积累，从而影响后代种用价值。

②异质选配就是选择具有不同优点的公母鸽进行配对，以使双亲的优良性状结合在一起。实践证明，这样的选配结果并不能使亲代的缺点相互抵消或矫正。相反，这种选配方法有时还会出现一些品质不良的后代。

(2)亲缘选配

这种选配方法是根据不同的育种目的，考虑交配双亲亲缘关系的选配，称为亲缘选配。好处是种鸽可以就地在鸽群中进行选择，不必到异地调换，可以固定优良性状。缺点是会带来品种退化，抗逆性差，遗传性能减弱等弊病。因此，在鸽子的育种工作中，通常是采用亲交使一些优良性状迅速稳定后，就要立即改用非亲交甚至是杂交，以免产生不良的结果。

(3)年龄选配

随着年龄的增长鸽子逐步衰老，生活力也逐渐减弱，其后代品质也在偏劣。通常鸽的寿命为7～8年，有的可活20年。最理想的繁殖年龄是1～4岁，而繁殖力最强的是2～3岁，此时不仅产卵对数多，而且后代的品质也优良。所以，用老公鸽与青年母鸽配对，其后代多表现为母亲特点优势；老母鸽与青年公鸽配对，其后代则多表现为父亲特点优势，在生产实际中常采用后一种配对方法。

制订选配方案必须经过周密的调查，掌握鸽子的遗传背景，主要经济性状平均值及有关品种或品系的特点；了解育种工作的具体条件，明确育种目标，确定选择和鉴定步骤，注意选配双方的品质、等级、年龄及其优点，权衡利弊得失，制定选配方案。在选配方案拟好之后，应努力保证其实施，做好有关记录，及时分析选配效果。

（三）肉鸽的繁育方法

1. 纯种繁育

纯种繁育是为保留本品种的优良性状和克服它的缺点，用同一品种选育生产性能较好的产鸽进行繁育。繁育时首先要摸清实际存在的问题，确定选育的目标，然后进行严格的选种选配，搞好提纯复壮，加强饲养管理以提高鸽群的生产性能。

我国鸽子的地方品种很多，其中不少具有许多优良的特性，比如适应本地区的饲料，抗病力强、早熟、产蛋率高等，但也存在个体小、生长慢、乳鸽品质差、市场竞争能力弱等缺点；良种肉鸽体型大、生长快、乳鸽品质较好、市场竞争能力强，但饲养管理水平要求较高，适应性和抗病力较差等缺点，可采用纯种繁育方式进行繁育。

国外引进的品种对引进地区的环境条件往往有一个适应的过程。在这个过程中,有的则逐渐适应当地的环境条件而继续发挥它的优良种性,有的则不能适应而退化甚至死亡。因此对国外引进品种的选育要注意如下事项:

(1)在了解鸽的习性和生产力的基础上,搞好选种选配,加强饲养管理,使之迅速适应本地区的环境条件。

(2)培养一定数量的品系,实行品系繁育,尽量避免杂交。在商品生产过程中,可采用品系间杂交,以提高鸽的生产力。

(3)避免与本地品种盲目杂交,否则有造成失去本地纯种的可能性,如我国的良种石歧鸽目前已出现这种趋势。

2. 杂交繁育

品种间的交配为杂交,杂交获得的后代称为杂种,杂交可以动摇亲代的遗传性,使性状发生变异,从中育成新品种或新品系。另外,还可以利用杂种优势去提高产量。

(1)杂种优势

杂种优势是生物界的普遍现象,即遗传上无亲缘关系的两个品种或两个品系的个体交配,杂种一代表现出生活力强、生长发育快、利用饲料能力强、繁殖力高,以及保持了两个品种或品系的优良特性,杂种一代比双亲优良的现象。如用国外优良公鸽与繁殖性能较强的我国地方品种的母鸽进行交配,可获得体型大、生长快和乳鸽品质好的杂种一代。

(2)杂交育种

鸽子杂交育种是通过两个或多个遗传特征不同个体之间的杂交,获得遗传基因更为广泛的杂种,再通过继代选育和培育就能够创造新的变异类型，是一种改进现有品种质量和创造新品种的育种方法。

①杂交亲本选育的原则

a. 亲本之一应具有突出的主要目标性状。

b. 亲本中的基础品种应能适应当地的环境条件。

c. 杂交亲本应具有较多的优点，且亲本间优缺点应能得到互补。

d. 亲本一般配合力要好，获得的杂种优势程度。

②杂交方式：根据育种的目的不同和基础鸽群的条件而采用不同的杂交方式。

a. 引入杂交：引入杂交是选择一个引入品种与原品种交配一次，从杂种一代中选出优良的符合要求的个体与原品种回交一二次，保持外来血缘 12.5%～25%。引入杂交的优点是基本上保持了原品种的遗传结构的品种类型，又用引入品系的某一优点改进原品种相应性状的缺点；缺点是限于改良一二个性状，而不是全部。

b. 级进杂交：级进杂交是按育种目标选择优良品种的公鸽与被改良品种的母鸽交配，获得杂种一代母鸽再与改良品种的另一公鸽交配，如此连续几代杂交，直到杂种基本上接近改良品种的生产水平和出现理想的鸽群后，就进行横交固定，自群繁育。

c. 复合杂交（育成杂交）：它是选择遗传基因不同的两个或多个品种，灵活运用各种杂交方式（如单元杂交、三元杂交、双杂交和回交）以产生理想型杂种，通过严格的选择选配，培育出新的品种。

d. 杂种横交固定：通过各种杂交方式，产生理想型杂种群，这种杂种群的基因类型很丰富，异质结合又不稳定。因此，要进行横交固定，使理想性状逐步达到同质化。在选配方法上常采用同质选配，必要时也可以采用近交，参加横交的杂种个体可以是同一代的，也可以是隔代的。另外，在整个横交过程中必须结合严格的选择，加大选择强度，坚决淘汰品质差的个体。因此，在横交固定开始时，杂种数量要留足，以便既留有选择的余地，又可避免万不得已的近交。

e. 纯种繁殖：杂种群通过杂交达到相对固定后，就应转入纯种繁殖。进行扩群，扩大种群的分布区域，并建立各具特色的品系，使品种结构多样化。

3. 鸽子品种的提纯复壮

同品种的鸽群，经过一段时间的繁殖之后，常会出现品种退化的现象，如个体变小、产蛋窝数减少、乳鸽体质变差等。为避免退化和提高鸽子的质量，重要的方法是对鸽群提纯，就是选育能代表本品种主要优点的种鸽为提纯对象，繁殖出有品种特征的后代。

(1)肉鸽品种退化的原因

鸽子品种退化的原因很多，但主要有如下几种：

①没有从正规种鸽场引种

一些肉鸽生产场，为了贪图便宜，认为肉鸽都是纯种繁育，不进行杂交，不分代次，可以随意引种。因此，引种时对供种鸽场不进行严格挑选，一些供种鸽场品种定向培育工作不完善，本身就存在品种退化问题。这样在引种时鸽种就不纯，遗传性能不稳定，引种后出现生产性能低下等退化现象。

②长期近亲繁殖

一些规模较小的种鸽场，多年自繁自养，小群留种，不引进新的血统而且对后代留种鸽没有进行有效标记，大群自然配对，这样就很容易出现近亲交配，导致近交衰退。一般是五代以内为近亲，五代以外为远亲。

③种鸽生理机能衰退

大多数种鸽场，种鸽上笼直至淘汰，多年连续繁殖。种鸽在繁殖期体力消耗较大，要是连续不断的进行繁殖，没有恢复间隙，或是种鸽年龄过大，生理机能衰退，仍进行繁殖，都会导致后代品种退化。

④饲养管理不当

种鸽饲料、保健配合不合理，造成营养缺乏。饲喂时种鸽没有吃饱，特别是带幼鸽的种鸽，饲料采食量会成倍增加。一些鸽场未实行分阶段饲养，童鸽、青年鸽、种鸽同一饲料配方，鸽场卫生防疫工作没有做好，造成疫病流行。不良的饲养管理条件会造成种鸽原有的优良性状得不到充分的表现，甚至引起生产力下降，品种变劣。

(2)肉鸽品种的提纯复壮

鸽子的提纯复壮主要是做好选种，选配和定向培育工作。具体来说，就是先在鸽群中选出优良的种鸽(根据原先确定的良种标准评选)，进行同质选配(也可以引入异地同一品种的部分种鸽进行异质选配)，然后逐步选留优良后代，淘汰品质低劣的后代，再加强饲养管理，认真培育选留后代。经过数代选育后，优良的性状就能得到恢复和发展，也就是已经提纯复壮了。要做好这项工作，主要的问题是建立核心群和对它们后代的选育。

①建立核心群，制定标准

核心群的成员由鸽群中符合种鸽标准的个体组成。选择要求：

a. 体型、羽色具有本品种特征，体质健壮，结构匀称，发育良好，无畸形。

b. 体重要求，成年公鸽 750 克以上，母鸽 650 克以上。

c. 每对种鸽年产仔鸽 6 对以上，所产乳鸽 28 日龄体重 550 克以上，及时淘汰达不到标准的种鸽。

d. 种鸽年龄 1～4 岁，年龄太大要淘汰出核心群。

②选择步骤

a. 初选：对准备留种的乳鸽在 25～30 日龄时进行初选。要求留种乳鸽体重 600 克以上，生长发育良好。具有本品种外形和羽色特征。

b. 复选：青年鸽 6 月龄配对时进行，要求体质健壮，体重公鸽 700 克以上，母鸽 600 克以上配对时，要求公、母鸽同一品种、同一羽色类型，严禁近亲交配。

c. 最后鉴定：配对半年后（12 月龄）进行，主要考察其生产性能，凡符合条件者为合格，补入核心群中，繁殖性能和后代生长情况，要求半年产仔在 3 对以上，乳鸽体重在 550 克以上。

③核心群的扩大和更新

核心群的后代应做好系谱记录，根据后代情况对核心群种鸽进行后裔鉴定，把符合选择条件的优良后代加入核心群的同时，要及时将后代品质差的种鸽淘汰出核心群，从而使核心群不断扩大、更新，种质不断提高。

④核心群的管理

从建立核心群一开始，就要求专人负责选种、选配工作，要加强核心群饲养管理，保证营养供应，严格控制环境条件，做好鸽瘟、鸽痘等疫病的预防工作，同时要作好各项记录工作，种鸽进行编号，记录初选体重、复选体重、羽色、出生日期等内容。生产记录包括：产蛋记录、孵化情况记录、育雏体重记录、乳鸽成活情况记录等内容。

(四)肉鸽的繁殖技术

1. 肉鸽的繁殖行为

(1)肉鸽的繁殖周期

鸽子从交配产卵、孵蛋出仔及乳鸽的生长，这一段时期为繁殖周期。一个周期大约为 45 天，分为配合期、孵蛋期和育雏期三个阶段。

①配合期：这一阶段一般为 10～12 天，已成熟的鸽子配成一对直至产生感情交配产蛋。

②孵蛋期：此期为 17～18 天。公、母鸽配对后，两者交配并产下受精蛋，然后轮流孵化的过程。

③育雏期：这个阶段 20～30 天，是乳鸽自出生至能独立生活的阶段。乳鸽出生后，父母鸽共同照料乳鸽，轮流饲喂。在这期间，鸽子又开始交配，在乳鸽 2～3 周龄后，又产下一窝蛋。

(2)配对行为

鸽子是严格遵循“一夫一妻”制的家禽，双方感情专一，忠贞不渝，人为很难将它们拆开另配。鸽子孵出后，经过5～7月龄进入成熟阶段，并表现出各种求偶行为。公鸽频繁接触母鸽，在母鸽周围打转，频频点头，不断发出咕咕的叫声。母鸽也变得喜欢接近公鸽，彼此梳理头部和颈部的羽毛，相互亲吻，称为鸽吻。确定关系后，母鸽蹲伏，公鸽便跳跃到其背上进行交配。交配完后，公鸽展开双翼和尾羽，欢跃拍打，短距离飞行，母鸽则展翅走动，靠近公鸽旁边，表示出一种满足的愉悦。

(3)营巢行为

鸽子配对后的第一个行为就是筑巢，筑巢做窝是鸽子的天性。巢地由雄鸽选择，选好巢地后，公鸽便伏在该处，发出“咕—咕—咕”的鸣叫声，诱导母鸽在此下蛋。公鸽外出寻找细树枝、草等衔进巢内，母鸽则编织巢窝。直到产蛋前为止，也有的在产蛋后几天内仍继续衔草。饲养员最好及时准备好巢盘，以免影响产蛋，可事先在巢盘内垫一层稻草，如没有巢盘，用稻草做巢圈也行。垫料的主要作用是保持鸽蛋孵化所需的温、湿度，以防止破蛋。鸽舍内应垫烟草秸秆或用生石浆涂巢盘，以防鸽虱和鸽蝇孳生。

(4)产蛋行为

一般母鸽在配对后10天左右就会产蛋。鸽子在一个产蛋期通常产2个蛋，相隔48个小时，产蛋时间多为下午。其中第一个蛋约在下午4～5时产出，第3天的下午2～3时产下第2个蛋。

一般一只年轻力壮的母鸽每月可产3～4窝，至少可产两窝。繁殖性能好的母鸽的繁殖周期只有50天，若尚处于育雏期就开始产蛋，可使繁殖周期缩短为35～45天。母鸽产蛋性能带有季节差异,春季的产蛋率高于其他三季,秋季最低,所以在日常饲养管理中应重视春季。

(5)孵化

公母鸽在2个蛋产齐后就共同轮流孵化。一般公鸽孵化的时间在10～16时,母鸽孵化的时间在17时至第二天9时。这种轮换时间随地区的不同稍有差别,不是一成不变的。受精的鸽蛋经过15天的孵化,雏鸽就会啄壳,看到齿壳,到17～18天雏鸽就会出壳。如果超过孵化时间不出幼雏,它们就会放弃旧巢,重新寻巢再孵。

2. 肉鸽的配对

配对是在鸽子性成熟后,通过自然或人工的方法将年龄相近的一雄一雌合放于1个鸽笼中,以让其交配繁殖后代的行为。饲养肉鸽需要在鸽子配对前做好各项准备工作,充分发挥鸽子的生产性能,达到培育优良后代的目的。

(1)配对的日龄

肉鸽饲养到3～4月龄时,开始出现第二特征。雄鸽的表现非常明显,表现为异常活泼,情绪极不稳定,相互追逐、打斗,并发出较平时嘹亮的“咕噜咕噜”的鸣叫声,并会追着雌鸽走动;而雌鸽的表现则不很明显,常常表现为被动,被雄鸽追着跑。这个时期称之为鸽子的发情期。但此时不适宜将鸽子配对上笼,否则会出现早配、早产。原因是由于此时肉鸽的性机能已成熟,但身体尚未成熟,这样繁殖的第1窝仔很难养成。只有当肉鸽生长至5～6月龄时,性器官和身体的各种机能都已经健全,这时就可以配对繁殖了。

肉鸽的繁殖能力因品种不同而异，一般4～5岁后繁殖能力开始衰退，但有的5～7岁雄鸽仍可以配种。饲养管理好，品种优良的种鸽10岁以上还有繁殖能力。当然，具体到多大年龄不能再配时，还应根据生产上该鸽的繁殖率是否下降而定。

(2)鸽子配对前的准备工作

①改善种鸽体况：种鸽太肥，会影响繁殖性能，出现雄鸽精液不良，精子少或畸形精子多，雌鸽产蛋少甚至不产蛋等；太瘦则造成营养不良，易患营养性疾病，对精子、卵子的形成有一定的影响。因此，对培育后期的种鸽要合理搭配饲料营养比例，使留种鸽有一个适宜的体况迎接配对，确保配对后种群的繁殖性能。

②预防种鸽疾病：在配对前15天应用甲硝唑原粉或土霉素等饮水3～5天，同时内服盐酸左旋咪唑驱虫一次。外用0.02％敌百虫，让鸽子洗浴几次，以灭杀鸽虱、鸽蝇等寄生虫。另外，再饮用一些电解多种维生素等抗应激营养剂，以保证配对鸽的体质健壮。

③鸽舍、鸽笼及用具的准备：进鸽前两周对舍内外环境、笼体、水槽、饲料槽、保健砂、产蛋巢及用具等全面清洗消毒。在干燥48小时后，再重新消毒和灭虫，然后空关8天，待干燥后使用。

(3)鸽子配对

1)雌雄分栏

为了防止鸽子早配和近亲交配，以及为选留种鸽做准备，在鸽子发情前，应雌雄鸽分开饲养。

①雌雄鸽分栏饲养的做法：在鸽子养至4月龄时分栏，按性

别分成两群，每栏为同性别鸽。一群数量应按笼子大小决定多少，一般散养为50只左右。因为，公鸽在发情后也会互相追逐，殴斗，密度太大会使鸽被啄伤或啄死。

②雌雄鸽分栏需注意事项

a. 同一栏内同性别鸽子年龄应相同或相近，这样利于管理和防止鸽欺负小鸽，造成弱鸽伤残。

b. 若出现雌性鸽栏中的雄鸽异常活跃，不断追逐雌鸽，而雄性鸽栏中的雌鸽，常窜来窜去，受到几只雄鸽追逐，头颈部常被啄伤等现象。即分栏时混入异性鸽应及时将异性鸽捉开，放入同性别鸽栏中。

c. 若将陌生鸽放入鸽群时，会受到原来鸽的围攻，应及时将陌生鸽捉开，或者在开始时看护好该鸽，及时赶走围攻的鸽子，这样，慢慢就会互相熟悉起来。

2)配对方法

童鸽养至6个月龄，性器官及身体的各种机能已经健全，这时就可以配对繁殖，公母鸽产生感情，10天左右就会产蛋，鸽子配对方法通常有自然配对和人工配对两种。

①自然配对

就是将数量相等的雌雄鸽放在一起，在培育圈内“自由恋爱”，两两配合成对。这种方法的优点是方便，不费人工；但缺点较多：一是易造成近亲交配，易发生早婚，尤其是小型鸽场，仔鸽数量不多，往往将离开母体后的留种鸽养在一起，鸽的月龄参差不齐，这样有的鸽就过早配合了；二是时间长，约需1个月，常导致品种、毛色、体型、体重等的差异，不易获得优良后代。

自然配对应注意以下问题：一是留种用的青年鸽最好将母

鸽与公鸽分开饲养，到5～6月龄性成熟后，按公母比1∶1放养在同一间鸽舍内自由配对；二是小型鸽场，留种数目少，可将不同月龄，不同性别的青年鸽饲养在一起，让其有先有后的自由配对，对配对好的及时捕捉上笼，进行笼养。

②人工配对

可以克服自然配对存在的问题。用人工的方法挑选相互间最适合的一公一母单独养在一个圈内，或者是放在配种笼中配种。这一方法适合于各种形式的鸽场、家养鸽舍和各品种的配对。特别适应于笼养肉鸽的配对，其做法是1个笼子放一对，中间有隔离网。肉鸽配对上笼前，首先要检查体重，年龄及健康情况，符合肉用标准的才选择上笼。上笼的方法是将雄鸽按品种、毛色等有规律的上笼，把同品种，同羽色的鸽放在同一排或同一间。鸽舍内公鸽上笼2～3天，熟悉环境后，用同样的方法，选择雌鸽上笼与雄鸽配对。小群散养也可采用这种配对方法。配好对后，再打开笼门，让生产鸽出来活动，使鸽子认识自己的巢窝，才不导致出现争斗、打架现象。

人工配对注意事项：

a. 强迫配对的头3天内要多观察，发现打斗激烈的应分开重配。

b. 注意雌雄鉴别，防止错配。

c. 人工配对方法的采用，往往体现有一定程度的育种目的，是建立核心群的手段之一。

3)判定配对成功标准

配对初期，确为异性的两只鸽同处一笼，一般无激烈的打斗现象。若雌鸽对雄鸽的追逐无明显的躲避反抗，而是在前傲然漫步,可认为其成功有望;若发现两只鸽叫声各异、有呼有应(雄叫雌点头),继而相互依偎、互梳羽毛,接吻交尾,即表明配对成功。这时应将其移入种鸽笼中饲养,并以生产鸽饲养管理。

(4)配对失败的原因

①异性不爱:有些鸽,雌雄配合确实无误,但两者感情不合,雄鸽要交配时,雌鸽不肯,雄鸽强行交配失败,就会不断追打雌鸽。也可能两者之一在配对前已有对象,对眼前的对象没有感情,出现这一情况,可先培养感情。方法是:在笼的中间加放一块铁网,将两鸽隔开,使彼此可以看到;大多数经过 1~2 天就能培养出感情来,当雄鸽发出“咕咕”声,雌鸽频频点头表示同意时,可将隔网抽开,这样就配成了。个别经过 1 周左右仍未配成的,就必须调换雌雄鸽,重新配对。

②同性配对:对雌雄鸽性别鉴别错误,出现同性鸽同笼。配对后两者经常打架,或两者低头、鼓颈,互相追逐,并有“咕咕”的叫声,则可能全为雄鸽;在正常情况下,每窝产两枚蛋后进行孵蛋,两鸽配对后连续产蛋 3~4 天的,则可能全为雌鸽,则应将配对错误的鸽拆开重配。

③种鸽太肥或太瘦:种鸽太肥,会影响配对后的生产性能。出现雄性鸽精液不良,少精或精子畸形;雌鸽产蛋少或不产蛋;太瘦则造成营养不良,导致营养性疾病,影响精子、卵子的质量。针对这种情况,应淘汰太肥或太瘦的种鸽。日常饲料的供给常为每天 2 次,每次九成饱,饮水不受限制。

④群养鸽雌雄比例不当:在群养鸽中,如果雄多于雌,鸽群会出现争偶打架的现象,导致交配失败或打斗受伤。雄鸽或雌鸽偏多,都会造成无精蛋及破蛋增多。正确的做法是雌雄比例

1∶1,避免鸽的密度太大和数量过多,在舍内设置足够的产蛋巢,留心观察,将鸽群中没有配对的鸽子捉出来人工配对。

⑤机能异常:通常有两种情形。一是配对正常,有交配行为,一连产下三四窝无精蛋。在排除了双雌的可能性之后,首先应怀疑雄鸽可能性功能有问题,与其他雌鸽配对后仍是如此,则可确认该雄鸽生理机能异常;二是配对表现正常,也有交配行为,但长期不产蛋。在排除雄鸽不正常和两雄鸽配对的可能性后,就应怀疑雌鸽生殖机能有问题,若与其他雄鸽配对后仍不产蛋,即可断定雌鸽生理机能异常。对于这两种情况,应果断地将其淘汰宰杀。

3. 鸽子产蛋

(1)产蛋前的准备

产蛋前,鸽子在相亲交配后的第一件事就是到处寻找可用筑巢材料。这时候饲养员要及时的给它准备好巢窝,不要影响产蛋,垫料用双层旧麻布,麻布下垫谷壳或木屑,形似锅底状。窝底不要做成平底的,这样易使两个蛋容易滚开。如两个蛋的距离达10～18厘米时,表鸽自己不会把蛋搬到一起,使蛋在腹下,它认为是其他鸽子的蛋而不理睬。

(2)产蛋

鸽子属于刺激性排卵的鸟类,即不交配卵巢就不排卵,也就不产蛋。肉鸽一般交配后7～9天便开始产蛋。产蛋前,公、母鸽常蹲伏在巢盘内恋窝。公鸽不时飞出窝外衔草垫窝,并且总是昂头挺胸的追逐母鸽入巢,公、母鸽接吻交尾次数明显增多。据观察,雌鸽产第二个蛋与产第一个蛋相隔时间约为48小时。

产蛋时间多在下午。两个蛋产齐后便正式孵蛋。如果不需要幼鸽,只需鸽蛋,产两个蛋后取出,过 7～8 天,雌鸽便又再产第二窝蛋。一般一只年轻力壮的雌鸽每月可产 3～4 窝蛋,至少可以产两窝。鸽蛋呈白色椭圆形,重 15～20 克。

一般鸽蛋的大小因品种不同而有较大区别,蛋壳白色,很光滑。凡是受精蛋,在孵化过程中,蛋壳稍稍变成灰蓝色,不反光;如果是无精蛋,蛋壳颜色不变。有经验的人,通过观察蛋壳颜色是否有变,就可看出蛋的受精与否。

初产鸽和老年鸽的蛋往往偏小;有时会产下软壳蛋,蛋无硬的蛋壳,只有壳膜,主要是缺钙质所致;有时可产下砂壳蛋,蛋壳薄而脆,表面粗糙,有钙质小突起,主要是缺钙或生殖系统有病所致;鸽子偶然也会产下外观大的双黄蛋,但很少能够孵出。

处于正常繁育期的母肉鸽,产蛋的时间间隔相对恒定,从而使整个鸽群的产蛋量保持一定的水平。然而在生产过程中经常因种种原因引起鸽群产蛋量异常下降。肉鸽群产蛋量异常下降的常见原因如下。

①营养不足或比例失调

a. 喂料量不足:一个鸽群中可同时存在几种不同生育期的种鸽,而每种生育期种鸽的营养需要量又相差很大,如哺育期种鸽对某一种饲料的采食量可以是抱孵期种鸽的 2～3 倍,如果按抱孵期种鸽的饲喂标准来决定全鸽群的饲喂量,必将使处于哺育期的种鸽采食量相对不足。相同生育期的种鸽在不同季节营养需要量也不一样,一般来说,随着气温的下降,营养需要量逐渐增大,如果不能随季节的变化及时调整饲喂量也会出现喂料量不足的问题。另外,饲养人员的不规范操作,人为给鸽少喂饲料也是造成喂料量不足的常见原因。

b. 原料种类单一:种鸽饲料中原料品种较少,或某种成分比例降低,造成营养不全面或含量不足,满足不了鸽的正常营养需要。用这种饲料饲喂的鸽群,可表现为普遍的产蛋量偏低。

c. 饲料成分发生显著改变:饲料成分显著改变后,鸽群可能对某些新更换的成分不太适应,采食量降低,造成营养不足。

d. 保健砂缺少:以原粮饲喂的鸽群,保健砂可以补充日粮中钙、磷等营养素的不足,有助于所采食饲料的消化和起到保健作用。保健砂的缺乏必然引起某些营养的缺乏和鸽对不良条件抵抗力的下降,导致繁殖性能的下降。

②光照不足

冬季昼短夜长,如果不补充合适的人工光照,过短的光照时间会使种鸽的繁殖机能减退。同时,因采食时间短,也会造成鸽群摄入量的营养不足,导致产蛋量的下降。

③疾病

以线虫为主的内寄生虫,鸽轻度感染时无明显症状,对产蛋量无大的影响或使产蛋周期延长,重度感染时可表现为面颊灰白,贫血,消瘦,出现拉稀,产蛋停止;鸽虱等外寄生虫寄生于鸽的体表或羽毛上,叮咬使鸽不安,引起鸽的食欲下降,体质衰弱,生产性能降低;此外,副伤寒、霉形体病可使鸽产蛋下降或停止。

④鸽群自身因素

a. 换羽:种鸽一般每年的夏末秋初换羽一次,换羽期长达1～2个月,在此期间部分鸽可能出现停产而致使鸽群产蛋量的下降。这与鸽的饲养管理有关,如果饲料量不足,缺水或其他管理工作跟不上,鸽群可能普遍停产。

b. 种鸽过肥:在饲养过程中,如果不能根据鸽的不同生理阶段合理喂饲,饲料量长期偏多,或饲料中能量物质比例过高,都将引起种鸽过肥。种鸽过肥后其繁殖性能消退而导致的产蛋量异常一般是渐进性的,随着过肥种鸽量的增加下降幅度增大。

c. 部分鸽出现不明原因的停产:鸽群中也经常出现部分鸽不明原因的停产。在其比例很小时,一般不会对整个鸽群的产蛋量产生大的影响。如果该种鸽数量较多时,将会使鸽群的产蛋量发生下降。对这种情况的处理主要是淘汰停产鸽。

⑤应激

因应激引起的产蛋量异常的程度与应激的强度和持续时间有关,强而持续的应激可对生产性能造成严重影响。常见的应激因素有:高温、高湿、低温、缺水、断料、噪声、疫苗接种、有害气体的蓄积等。

4. 孵化技术

(1)自然孵化

鸽蛋自然孵化是由公、母鸽共同轮流进行。公鸽每天孵化的时间为当天的10～16时,母鸽从当天17时到次日9时。母鸽在晚间孵,直至早晨九、十时,才由公鸽接替,如此又直到下午三四时母鸽回来再接替公鸽。显然,母鸽是孵蛋的主力,每天要孵18个小时左右,而公鸽才孵6小时左右。公、母鸽在孵蛋时,是不会在巢盆内排便的,特别是母鸽,早晨会从窝中出来,到外面排出很多的粪便,然后迅速回去继续孵化。在亲鸽孵化过程中,应注意和进行以下管理工作:

①孵蛋环境:保证孵蛋的种鸽有冬暖夏凉的、干燥的良好孵

化环境，同时避免强光的照射，可用麻布适当遮挡。

②保证种鸽安全孵蛋：孵化时，鸽子精神非常集中，此时由于鸽子对外面的警戒性特别高，所以一般不要去摸蛋，或偷看鸽子孵化，不让外人进入鸽舍参观，保持鸽舍环境安静；遇到鸽子在孵化期间，停下来到外面活动的情形时，不用担心，更不必去惊扰它，因为鸽子知道如何孵蛋，如何调节温度。要对生产鸽舍认真灭鼠和避免蛇、猫的危害。

③饲料质量要高：孵化中的种鸽由于活动少，孵化过程中新陈代谢低，采食量下降。因此，要提高饲料的营养水平，粗蛋白质的含量应在18％～20％之间，这样才能使鸽子获得足够的营养，为乳鸽的出生准备好鸽乳；要注意饲料的质量和消化性，每天供给新鲜保健砂，并在保健砂中添加健胃及抗菌药物。

④防止公、母鸽相争孵蛋：经产鸽、尤其是老年鸽，就巢性强，故公、母互换孵化，失去规律性，因此常常争孵蛋，有时两只鸽重压在一起。由于频繁挤压，鸽蛋在孵化1周后，当蛋壳被胚胎吸收变薄后极易被挤压破壳，造成严重损失，这是孵单蛋出单雏的主要原因之一。有效的防止方法是：将老年的鸽子及时淘汰。

⑤照蛋：孵化后的第四、第五天，要进行第一次照蛋。若看到蛋内有均匀血管分布，呈蜘蛛网状，即为受精蛋；若蛋内有血管分布，但呈一条粗线，呈‘～’状或‘‖’状，则为死精蛋；若蛋内透明，则为无精蛋。孵化到第10天，进行第二次照蛋，若蛋内一端乌黑，固定不动，另一端气室增大空白，则该蛋胚胎发育正常；若蛋内容物如水状流动，壳呈灰色，则该蛋为死胚蛋（图2-7）。对无精蛋、死精蛋和死胚蛋，都应捡出。对仅有1只蛋的应与孵化日龄相近的蛋并窝继续孵化。

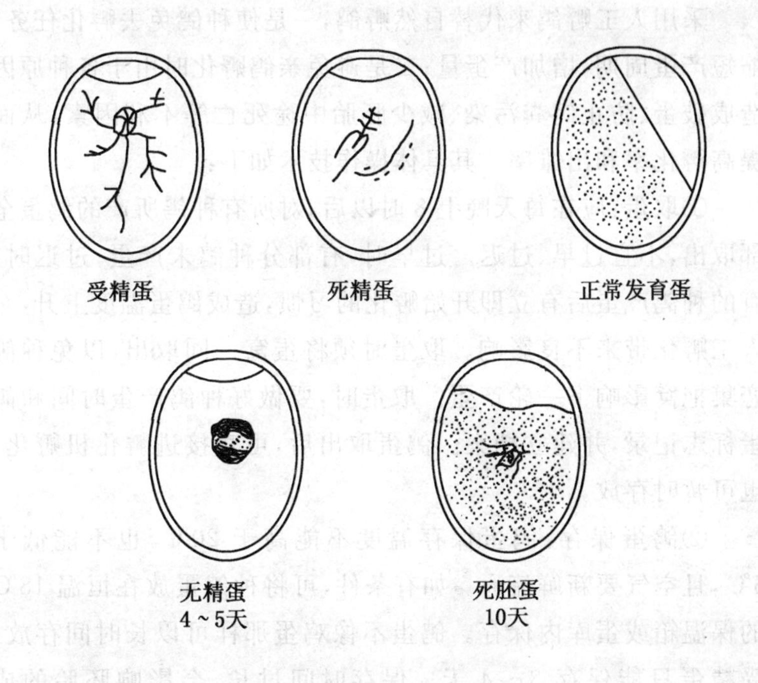

图 2-7 照蛋

⑥助产：正常发育的胚胎孵至18天便啄壳出雏。对少数雏鸽随已啄壳，但迟迟无出壳的，应及时给予助产。助产时用镊子在雏鸽的啄壳部位小心地、一块块地把气室部分的蛋壳剥掉，见有湿润的血管为止，再让雏鸽自己破壳出雏。

⑦生产记录：在生产过程中，应把每对种鸽的年产窝数、育成率、乳鸽重量、产蛋周期等一一记录清楚，以便于积累生产资料，为计划生产和选种提供依据。

(2)人工孵化

采用人工孵鸽来代替自然孵鸽，一是使种鸽免去孵化任务，缩短产蛋周期，增加产蛋量；二是避免亲鸽孵化时由于各种原因造成破蛋、防止鸽粪污染、减少胚胎中途死亡等不利因素，从而提高孵化率和出雏率。其具体操作技术如下：

①取蛋：应在每天晚上 8 时以后，对所有种鸽所产的鸽蛋全部取出，不宜过早、过迟。过早时，有部分种鸽未产蛋；过迟时，有的种鸽产蛋后有立即开始孵化的习惯，造成鸽蛋温度上升，对人工孵化带来不良影响。取蛋时须将蛋窝一同取出，以免种鸽恋巢抱窝影响下一轮产蛋。取蛋时，要做好种鸽产蛋时间和鸽蛋标志记录，并建立档案。鸽蛋取出后，可直接进孵化机孵化，也可暂时存放。

②鸽蛋保存：鸽蛋保存温度不能高于 20℃，也不能低于 5℃，且空气要新鲜流通。如有条件，可将种鸽蛋放在恒温 18℃ 的保温箱或蛋库内保存。鸽蛋不像鸡蛋那样可以长时间存放，受精蛋只能保存 3～4 天。保存时间过长，会影响胚胎的成活率。

③孵化：孵化采用小型孵化机，将孵鸡蛋的蛋架，改换成孵鸽蛋的蛋架。为了管理方便，可连续取蛋 4 天后，把所有的种蛋一次性放进孵化机进行孵化。以后每隔 4 天为一个孵化进蛋周期。孵化条件如下：

a. 孵化温度：鸽蛋孵化时，孵化器内最适的温度为 37.8～38.2℃。当蛋放入箱内后 3～8 天，如温度不足，则胚胎发育不佳。日后雏鸽破壳困难，即使能出壳，腿脚也有问题。入箱后 6～10 天，如温度不足，可阻碍绒毛的生长，所以孵化开始后的头 2～3 天温度可提高到 38.2℃，以后维持在在 37.8℃ 水平。

温度过高则促进蛋内细胞分裂，导致早期不能充分生长发育，心脏与血管过度劳累，使胚胎出血死亡。

b. 孵化湿度：以相对湿度为65%左右时的孵化率最高。当箱内温度在37.8℃，湿度达67.5%时则孵化率也很好。一般来说，相对湿度为55%～65%，后期湿度可提高至70%～80%。出壳困难时，可喷湿于蛋表面。

c. 换气：在孵化过程中，换气不能掉以轻心。如氧气断绝，则蛋内生命即告停止。一般箱内二氧化碳不能超过1.5%～2%。

d. 翻蛋：鸽蛋入孵后8～10小时便要开始翻蛋，以后每天翻5次，直到16天止。翻蛋时以洁净两掌平放蛋上，轻轻推之，使蛋上面向下，下面向上即可。翻蛋时蛋盘取出箱外，箱门要关好，以免箱温下降。通常翻蛋后再冷蛋10分钟，但在孵化后第5天，翻蛋的时间已足够起到冷蛋的作用。

④照蛋

鸽蛋每批孵化5天后，就要进行第一次照蛋，其目的是把无精蛋和死胚蛋及时取出。鸽蛋孵至10天时进行第二次照蛋，孵化至16天时，进行第三次照蛋，须及时把死胚蛋取走，以免臭蛋影响孵化效果。孵化至17～18天，雏鸽开始出壳。具体操作参照自然孵化的照蛋。

采取上述方法进行人工孵化鸽蛋，出雏率和健雏率高，雏鸽外观漂亮，无大肚钉脐，出壳后的蛋壳洁净。但采用人工孵化以后，产鸽不负担哺育乳鸽的任务，需进行人工养育。乳鸽人工养育是当前肉鸽生产中应突破的生产难关，对此将在饲养管理一章专门介绍。

(3)保姆鸽的利用

在规模化的鸽场里,始终存在着少量生产性能较差的鸽这个难题,如何克服这个困难,除通过淘汰补充新鸽外,还可通过选用少部分某项生产性能还较好的鸽作为保姆鸽用,降低因大量淘汰而带来浪费。一般情况下,只要窝中有蛋,保姆鸽在2~3天内即可进入孵化期。用保姆鸽代替肉鸽孵化育鸽,让肉鸽专门产蛋,可大幅度提高其孵化率。

①利用保姆鸽的目的

a. 单蛋并窝或仔鸽并窝:自然情况下一般每窝两蛋,但照蛋中发现无精、死精、死胚蛋时就会出现单蛋蛋巢,这时,可将相同或相近日龄的胚蛋两两合并,由保姆鸽代孵、代养,这样就减少一部分生产鸽的负担而腾出时间休养生息,提前产蛋,提高经济效益。

b. 保证孵化哺育效果:一些好动的产鸽、初产鸽或一些体重较大的品种鸽,常将蛋踩碎或踩死仔鸽,这时可用保姆鸽代它们孵化哺育,从而提高鸽蛋的出雏率和仔鸽的成活率。同时由于亲鸽减少了孵育后代的任务,可以增加产蛋窝数。

c. 获得更多的良种鸽:为了充分发挥优良种鸽的种用价值,可以让它们专门产蛋,产下的蛋由普通品种鸽当保姆鸽为之代孵代哺。

d. 代替亲鸽孵化哺育:当获得优良品种的鸽蛋时,为了孵出良种幼鸽则需要临时寻找普通品种的保姆鸽;产鸽不愿意孵蛋或孵化期间亲鸽生病、死亡、失踪等,也需要利用保姆鸽孵蛋、育雏;亲鸽鸽乳质量差,则其仔鸽应由合适的保姆鸽代哺。

②选择保姆鸽的条件

a. 要没有疾病，精神状态好。

b. 要有较强的孵化育雏能力。

c. 要选择1岁以上，5岁以内的生产鸽。

d. 要求保姆鸽的产蛋时间和出雏时间应与肉种鸽产蛋或出雏的时间相同或相近，两者的时间差以不超过2天为宜。

③使用保姆鸽时的注意事项

找到合适的保姆鸽后，就要把被孵化的蛋或乳鸽放入该鸽的巢中，需要注意动作要快要轻，将蛋或乳鸽拿在手里，手背向上并稍向产鸽，以防产鸽啄破蛋或啄死仔鸽，趁鸽不注意时轻轻地将蛋或乳鸽放入巢中。这样，保姆鸽就会把放入的蛋或乳鸽当作是自己的，从而继续孵化和育雏。

a. 保姆鸽要选择正在孵蛋或育雏的产鸽，初产蛋应让双亲自己孵化，以保持鸽子本身的生产性能。待第二次产蛋后再找保姆鸽代孵。

b. 当保姆鸽不足时，每窝可增加到3个或4个蛋，出壳以后再找第二对保姆鸽哺育乳鸽，一对保姆鸽最好哺育仔鸽3只，但不能增加到4只。否则，会造成产鸽营养不足，鸽乳不够，导致亲鸽体力下降，仔鸽消瘦及病残。

c. 育雏中后期除保证充足饮水、饲料外，还应考虑诱食补饲，以保证雏鸽的正常生长。

d. 如果肉鸽产后找不到合适的保姆鸽，应注意种蛋的保存，且不宜放置太久。

e. 保姆鸽与肉种鸽的饲养是以3∶1为好。但饲养成本自然要加大，是否要采取这一方法，要对各方面进行综合分析之后来确定，不可盲目从事。

(五)提高鸽子的繁殖力技术

一般情况按 36 天产一窝蛋推算,理论上一对健壮亲鸽一年可产 10 对仔鸽,但是事实上碰到换羽期和酷热、严寒季节,鸽蛋被亲鸽压碎,雏鸽被亲鸽踩死等情况,亲鸽会自然停止繁殖或减缓繁殖。所以,每对亲鸽一年平均哺育 6~8 对仔鸽,已经是高水平了。因此,要想获得较高的经济效益,必须提高种鸽的繁殖率。目前,在提高种鸽繁殖率方面主要有如下技术措施。

1. 做好留种工作,避免近亲繁殖

在种鸽饲养过程中,要注意观察,选优去劣。根据生产记录及时淘汰生产能力低下(每年产乳鸽 6 对以下)、体重在 700 克以下的种鸽;淘汰常产单蛋、畸形蛋或母性差、在孵化过程中发生死胚及常育雏不成的种鸽。同时要及时发现抗病力强、胸肌丰满、繁育能力、孵化能力都比较好的种鸽,选择其后代进行留种。通过自繁自育,逐步提高种鸽的繁殖力。首先选择每年产 8 对以上的种鸽后代进行选留种,并要求留种的雏鸽 25 天体重达 600g 以上、发育正常无明显缺陷。对留种的种鸽进行编号,编制系谱,在配对时要注意避免近亲繁殖。

2. 调整雌雄比例

成鸽对配偶是有选择的,是严格的一夫一妻制,一旦配对后,公、母鸽总是亲密地生活在一起,共同承担筑巢、孵卵、哺育乳鸽、守卫巢窝等职责。若飞失或死亡一只,另一只则需经较长

时间才另寻配偶。在群养鸽中,如果雄多于雌,鸽群会出现争偶打架的现象,导致交配失败或打斗受伤,公或母偏多都会造成无精蛋及破损蛋增多。所以更应调整雌雄比例。多出的雄鸽或雌鸽,如本品种的鸽子不够配对,可用另一品种肉鸽甚至选体形较大的普通品种的鸽子与之配对,生产杂交鸽。

3. 供给充足巢箱

鸽子配对后的第一行动,就是衔草筑巢。为了避免鸽子因自营巢而延误时间,饲养人员应人为地备好巢窝。一般每对亲鸽最好供给 2 只巢箱,或者 30 对亲鸽供给 50 只巢箱。巢箱不足,不是压抑了亲鸽的产蛋积极性,就是引起为争夺巢箱而斗架、踩破鸽蛋、踩死雏鸽,或导致亲鸽嫌弃尚在哺育中的幼鸽。

4. 利用好保姆鸽

(1)减少产鸽负担,提高生产率

自然孵化一般每巢 2 个蛋,如果照蛋中发现无精蛋、死精蛋和死胚蛋,就会出现单蛋蛋巢。为了减少亲鸽的负担,可以把相同日龄或相近日龄的鸽蛋两两合并,代为孵化。还可仔鸽并窝,两仔鸽出生后有 1 只死亡了,剩下的仔鸽可以利用保姆鸽来哺育,可以对出孵仔鸽实行并窝至 3 只。

有些亲鸽全年产蛋总数并不少,只是由于不善于孵育后代,不是把鸽蛋压碎,就是把雏鸽踩死,或者弃鸽蛋或雏鸽于不顾,如果由保姆鸽来孵化和哺育,从而提高出雏率和仔鸽成活率。

(2)充分发挥优良肉用种鸽的种用价值

为了使优良品种肉鸽获得更多的种鸽,可以让它们专门产蛋，产下的蛋由保姆鸽代为孵化。这样由于亲鸽减少了孵育后代的任务，产蛋窝数也得到相应的增加，而且充分发挥了优良肉鸽的生产性能，饲养保姆鸽带来的利益就很可观。

5. 采用人工孵化和育雏技术

孵蛋和哺育仔鸽的技能是鸽的天性，但是发展肉鸽生产，提高肉鸽的生产性能，单靠鸽子本身的生产繁殖本能是不行的，要采用人工孵化和人工哺育乳鸽的科学技术。采用人工孵化和育雏，可以避免孵化时压破种蛋，防止鸽粪污染，减少胚胎中途死亡等，提高孵化的出雏率，缩短种鸽产蛋周期，加快繁殖速度，年产仔鸽数量多，仔鸽成活率高，仔鸽生长快，上市早而生产成本低，亲鸽经济利用寿命长和健康状况好。

6. 开展经济杂交

用一个品种的公鸽与另一品种的母鸽配对，通常比同品种内进行纯种繁殖的亲鸽能产生更多、更健壮的雏鸽。杂交第一代雏鸽不仅生活力强而且高产，如再与纯种回交则效果更佳。目前，有些鸽场以王鸽和石岐鸽杂交效果较好。要利用良种肉鸽品种与适应性强、繁殖力高的普通鸽子杂交，以充分发挥现有鸽子资源及其抗逆、多产的作用，并满足国内市场需要。

7. 其他

供给全价饲料、保健砂，保证充足均衡的营养，要有充足清洁饮水，经常检查饲料、饮水的质量，适当洗浴，亲鸽应补充人工光照，保持环境安静，及时更换垫料，保持良好的生活生产习惯，日常管理应规范化，促使其充分发挥优秀的遗传潜力。

做好免疫接种，定期消毒和驱除鸽体内外寄生虫，搞好环境清洁卫生。坚持预防为主的方针，对症治疗并隔离。确保鸽群健康、无病，保证鸽群正常产蛋和出雏。

★成功实例

养肉鸽的效益关键在于多出雏鸽。山东省枣庄市畜牧中心的一位退休干部，在饲养肉鸽时，琢磨出一些好办法。在正常情况下，肉鸽一般每月抱一窝雏，中间还要有歇窝的时候，最好的鸽子一年最多不会超过 10 窝，而且每窝只下两个蛋。在这种情况下，要想让鸽群多出雏，就得并窝，就是把三窝并做两窝，让每窝成鸽育 3 只雏，腾出一窝成鸽下蛋。他观察发现，鸽子也有不同的秉性，有的鸽子是“贤妻良母”型的，很善于育雏，有的则心性浮躁，育雏不精心，并窝就是要将后类鸽子的蛋并到前类鸽子的窝中去。这样发挥鸽子各自的特长，善育雏的多育雏，不善育雏的也不能闲着，要多产蛋。他还发现，并窝时合并蛋比合并雏好。并蛋要在鸽子下了第一个蛋后立即取走合并到另一窝中。但是丢了蛋后的鸽子会心情难受，不断地找蛋而影响下第二个蛋，这时可以在其窝中换入一个假蛋，鸽子就能安心产第二个蛋了。待鸽子产了第二个蛋后，再将真蛋假蛋一块取走。这样让鸽子只难过一次，减少情绪影响。取蛋后的鸽子，一般 9 天后就可以再产下一窝蛋。通过这种方法明显提高了鸽子的产仔性能。他饲养 50 对鸽子，1 年净挣了 1 万余元人民币。

三、怎样合理配制肉鸽日粮

(一)肉鸽的营养需要

营养是养鸽中极为重要的因素,为保证鸽子的生育和高产,就要给予充足、合理的营养。鸽子的活动量很大,体温高,生长快,新陈代谢旺盛,比其他家禽需要的营养物质更多。肉鸽营养需要主要包括能量、蛋白质、矿物质、维生素和水等。在机体的新陈代谢中,它们功能各异,每一种营养物质的缺乏都会引起不良后果。

1. 能量

肉鸽的一切生理活动过程,包括运动、呼吸、循环、神经活动、繁殖、吸收、排泄、体温调节等都需要能量,饲料中的营养物质进入机体经氧化后,大部分转变为各种形式的能量。日粮中的碳水化合物及脂肪是能量的主要来源,蛋白质多余时也分解产生热能,在饲料成分中,淀粉作为鸽子热能来源,其价格最为便宜。鸽体代谢旺盛,需要能量较多,必需喂给含淀粉丰富的饲料。鸽子对纤维的消化能力低,日粮中纤维含量不宜过高,但粗纤维含量过低时会导致蠕动不充分。

在配合日粮时，首先要确定适宜的能量，然后在此基础上确定蛋白质及其他营养物质的需要，使能量水平与其他营养物质的比例合理。这样才有利于保持鸽子正常的生理活动和提高肉鸽的生产能力。一般来说，日粮能量水平高，鸽子的采食量就少；若日粮能量水平低，鸽子的采食量就多，日粮中的蛋白质及其他营养物质含量就要适当减少，否则就会造成蛋白质浪费，饲料价格低。

因此，在确定肉鸽的能量需要时，必需重视能量与其他营养物质的正确比例。肉鸽的种类，品种特性和年龄的不同，所需的饲料能量水平也不一样。不同阶段肉鸽能量需要见表 3-1。

表 3-1　不同年龄肉鸽能量需要量

年龄	每只每日大致需要量(千焦)
2 周龄雏鸽	480～500
3 周龄雏鸽	600～650
4 周龄雏鸽	750～780
育成鸽	480～510
非繁殖鸽	460～500
繁殖鸽	500～550

2. 蛋白质

蛋白质主要成分有碳、氢、氧、氯、硫、磷等主要元素，由 20 多种氨基酸组成，是构成鸽体组织器官和鸽蛋的主要成分。饲料蛋白质的优劣,是由其氨基酸的种类、数量及其之间的比例决定的。

(1)肉鸽的必需氨基酸

饲料蛋白质的营养价值主要取决于氨基酸的组成和数量。其中有13种氨基酸是必需从饲料获得,称为必需氨基酸,它们是:赖氨酸、蛋氨酸、色氨酸、组氨酸、亮氨酸、异亮氨酸、苯丙氨酸、苏氨酸、酪氨酸、精氨酸、胱氨酸、缬氨酸和甘氨酸(组氨酸、精氨酸对成年动物则为非必需氨基酸),其中赖氨酸、蛋氨酸、胱氨酸和色氨酸尤为重要,是限制性氨基酸。因此,在为鸽子配合日粮时,要选用多样饲料,要保证日粮中氨基酸含量的平衡,提高蛋白质的利用效率。当然,有时也可能出现日粮中必需氨基酸供给充足而动物表现缺乏的现象。这可能与动物的生理状态、健康情况和氨基酸之间的配比不当有关,肉鸽日粮中应注意添加这几种氨基酸。

(2)肉鸽日粮蛋白质水平

日粮蛋白质水平不能太高,也不能太低。一般中型体重(600～800克)的种鸽,孵化育雏期,日粮的粗蛋白质含量以16%～18%为宜;产蛋前期和产蛋期间为15%左右;童鸽和青年鸽为15%～18%人工育雏日粮,粗蛋白质的含量以22%～25%为宜。日粮蛋白质水平过低时,鸽子生长缓慢,羽毛生长不良,性成熟晚,食欲减退,产蛋量少,蛋重减轻,严重时停止采食;过高时,排泄的尿酸盐增多,造成肾脏机能受损,严重时在肾脏、输卵管或身体其他部位有大量尿酸盐沉积,鸽子出现痛风,甚至引起死亡。在实际生产中,不但要考虑到蛋白质的数量,还要在保证数量的基础上进一步考虑到蛋白质的质量。不同阶段肉鸽蛋白质的需要量见表3-2。

表 3-2 不同生理阶段肉鸽蛋白质需要量

生理阶段	每只每天大致需要量(克)
2 周龄雏鸽	8～9
3 周龄雏鸽	10～11
4 周龄雏鸽	12～14
育成鸽	5～8
非繁殖成年鸽	5～6
繁殖成年鸽	6～8

3. 矿物质

矿物质亦称为无机盐，占鸽子体重的 3%～4%，主要存在于鸽子的骨骼、组织和器官中，是肉鸽正常生长发育和繁殖不可缺少的重要营养物质。

鸽体内矿物质主要分为常量矿物质和微量矿物质，前者在体内含量较高，有钙、磷、钾、氯、铁、铜、锰、钴、锌、碘、硫、镁、铯等元素，通常是给鸽子添加保健砂来实现的。矿物质喂量需要适量，特别是笼养或不放出棚的鸽子更应注意补充。矿物质缺乏时，鸽子将引起一系列的缺乏症；但喂量过多时，又会引起营养成分之间的不平衡，甚至发生中毒。

(1)常量矿物质元素

①钙：是家禽需要量最多的两种矿物质元素之一，是组成骨骼和蛋壳的主要成分。钙对于凝血以及与钾、钠一起保持正常的心脏机能是必需的，并有调节神经和肌肉功能的作用。钙缺乏时，成鸽食欲下降，产薄壳蛋，软壳蛋，步态异常；幼鸽发育不

良，患佝偻病。维生素D和适宜的钙、磷比值能够促进钙质的吸收。钙在一般谷物饲料中的含量很少，必须注意补充。常见的来源有贝壳粉、石灰石、骨粉、蛋壳粉、磷酸钙、蛎粉等。

②磷：是骨骼的组成成分，为蛋壳的形成输送钙质，以磷酸根的形式参与体内许多代谢过程。缺乏磷时，食欲下降，生长缓慢；严重时骨脆易折，关节硬化。家禽对谷物和麦麸中磷的利用能力低，仅有30%～50%，而对无机磷的利用率可为100%。磷酸氢钙是补磷和调节钙磷平衡的好原料。

此外，在配制日粮时应注意适当的钙、磷比例，补充维生素D以利钙、磷吸收，二者比例通常保持在2∶1～1.5∶1为宜。肉用种鸽日粮中钙的水平为1.04%～1.69%，有效磷为0.29%；青年鸽日粮中钙水平为1.0%～1.2%，总磷为0.6%～0.65%。

③钾：通常情况下鸽子的饲料中钾是不缺乏的，只有在特殊情况下（如应激、严重脱水等）才出现缺钾现象，可用含钾的离子型化合物（如KCl等）补充鸽子钾的不足。

④钠：主要存在于体液中，维持血浆和细胞正常渗透压，调节血液正常的生理功能。体内的钠主要由食盐供给，有增进食欲的功能。食盐不足，表现为消化不良，食欲减退，生长缓慢，产蛋量下降，易发生啄癖；补充过多，会导致亲鸽产蛋量减退，雏鸽生长受阻，青年鸽引起腹泻，严重的甚至死亡。鸽子又有嗜盐的习惯，对盐的需要量比一般家禽要多得多。所以，在日粮中食盐的补充量占饲料的0.3%～0.4%，或在保健砂中占4%～5%，不可超过10%。

⑤氯：可生成胃液中的盐酸，保持为酸性环境，有利于胃蛋

白酶的活性及食物的腐蚀消化。一般情况下不会缺乏，因为在补充食盐或其他氯化物时，氯也就得到了补充。

(2)微量元素

①铜：铜通常以与蛋白质结合的形式贮存，肝脏是它的主要贮存器官。缺铜时幼鸽出现贫血，骨质疏松，被毛褪色，消化机能失调和繁殖障碍；种蛋孵化过程中常发生胚胎死亡。当然，过量的铜也能引起中毒，发生溶血症。

各种饲料中铜的含量均较多，而鸽子对铜的需要量也十分有限。在一般情况下，只有在土壤缺铜的地区才可能出现动物铜的缺乏。可通过直给在日粮中添加硫酸铜制剂补充。

②铁：铁是血红蛋白、肌红蛋白和细胞色素以及其他呼吸酶的必要组成成分。机体中的铁有60%～70%以血红蛋白的形式存在于红细胞中。缺乏时，出现贫血，羽毛色素形成不良；过量时，会影响采食量，影响磷的吸收。红土中含有丰富的铁元素，谷类、豆类中含铁也较高。

③锰：锰不足时，雏鸽骨骼发育不良，患屈腱症，生长受阻。成鸽缺锰时，产蛋和孵化率低，肝脏和骨骼中脂肪沉积增多。青绿饲料、糠麸饲料中锰的含量较高，禾本科籽实和块根块茎类含量较少，动物性饲料含量甚微。在生产上常用硫酸锰和氯化锰来补充锰的不足。

④锌：锌在鸽体内含量甚微，但分布广泛，与骨骼和羽毛生长有关。适量的锌可以促进羽毛正常生长，提高产蛋量和孵化率。缺乏时，长骨变短变粗，羽毛生长不良，食欲减退，生长受阻。同时，还能使雄鸽精子的产生及其运动降低。锌和铁是铜的拮抗物，比例失调影响铜的吸收。锌和钙也存在拮抗作用，高

钙日粮可诱发缺锌症的发生。

各种饲料中均含有一定量的锌,鱼粉含锌量尤多,谷实中的玉米和高粱含量较低,根茎类含量贫乏。日粮中补充硫酸锌、碳酸锌、氯化锌或锌的氨盐不但可以消除缺锌症,而且有提高饲料利用率和促进幼雏生长的作用。

⑤碘:鸽体内含碘很少,70%～80%的碘集中在甲状腺内。缺碘时,甲状腺增生肥大,孵化率低,孵化期延长,体重减轻,胚胎后期死亡。饲料中可以通过添加碘化钾或碘酸钙来补充碘的不足。

⑥硒:是谷胱甘肽过氧化酶的主要成分。硒与维生素 E 互为协调,并对酶系统起催化作用。缺乏时,雏鸽出现白肌病,脑软化,渗出性皮质病,生长缓慢,死亡率增多;过量也是有害的,可使产蛋率和孵化率降低。

缺硒地区饲料和牧草中的含硒量低于 0.05 毫克/千克,必需补充,一般以亚硒酸钠添加于饲料或保健砂中。

⑦钴:主要功能是作为维生素 B_{12} 的成分而参与机体的物质代谢。钴是机体内合成维生素 B_{12} 重要原料。缺钴可导致生长迟缓和恶性贫血,短骨症,弯趾和关节肿大。钴通常以氯化钴来给予补充。

⑧硫:主要存在于蛋氨酸等含硫氨基酸中,是许多激素、硫胺素和黏多糖的重要成分,故与碳水化合物、胶原及结缔组织代谢有关。鸽子饲料中的硫的含量基本满足,可以不要补充。

⑨镁:体内的镁约 70% 在骨骼中,缺镁时,可引起生长受阻,昏睡,痉挛和抽搐以至死亡,产蛋量下降;此外,钙的利用不良,而镁过多时,则鸽粪稀薄。氯化镁或硫酸镁是镁的主要

来源。

⑩氟:多数存在于牙齿和骨骼中,起到预防龋齿和保护牙齿健康的功效。正常情况下,鸽子依靠从饲料中获取的氟能够满足需要,不需另外补充。

(3)肉鸽对矿物质的需要

肉鸽常见的矿物质元素需要量可参考表 3-3。

表 3-3 成年肉鸽矿物质需要量

矿物质	需要量	矿物质	需要量
钙	1.0～1.5 克/(只·日)	硫酸锰	1.8 毫克/(只·日)
总磷	0.3～0.4 克/(只·日)	硫酸锌	0.07 毫克/(只·日)
有效磷	0.2～0.3 克/(只·日)	硫酸铜	0.06 毫克/(只·日)
食盐	0.15～0.2 克/(只·日)	硫酸钾	0.02 毫克/(只·日)
硫酸铁	0.6 毫克/(只·日)	硫酸钴	0.05 毫克/(只·日)

在所有的矿物质元素中,钙和磷是两个非常重要的常量元素。在配制日粮时不但保证给量充足,而且要使二者的比例在 2∶1～1.5∶1。

有些微量元素之间有拮抗作用,在日粮中添加时要注意互相之间的比例关系,盲目乱用会产生副作用或中毒。例如:高钙日粮会诱发缺锌症;铜是重金属,过量会中毒;硒过量摄入,会使家禽产蛋率和孵化率降低;饲料干物质中铁的含量达到 1 000 毫克/千克水平时会引起慢性中毒,产生腹泻,生长速度下降;碘的摄入过量,会引起鸽子产生与缺碘相似甲状腺肿大;锌、铁均与铜有拮抗作用,高剂量的铁有助于铜的吸收,等等。

4. 维生素

维生素是鸽子维持正常生理机能不可缺少的有机化合物,是维持鸽子生命所必需的微量营养成分。大多数维生素不能在鸽体内合成,必须从饲料中或保健砂中摄取。缺乏某些维生素,会造成鸽子的新陈代谢紊乱,影响生长发育、产蛋和健康。维生素按其溶解性可分为两类:一类是维生素不溶于水而溶于油脂,称为脂溶性维生素,包括维生素 A、维生素 D、维生素 E 和维生素 K。另一类是维生素能溶于水,称为水溶性维生素,主要包括维生素 B_1、维生素 B_2、维生素 B_6、维生素 B_{12}、烟酸、泛酸、叶酸、生物素、胆碱和维生素 C。维生素 C 能在鸽体内合成,故在一般情况下日粮中不必添加。脂溶性维生素大部分可在体内积贮,水溶性维生素大部分在体内很少积贮。

(1)脂溶性维生素

①维生素 A:维生素 A 不存在植物饲料中,但植物饲料的胡萝卜素在体内可转化为维生素 A,维生素 A 与鸽子的生长、繁殖有密切关系,对保持鸽子的视力和黏膜的健全有重要作用。维生素 A 能够维持上皮细胞和神经组织的正常机能,保护视觉正常,促进生长,增进食欲,增强机体抵抗能力。

黄玉米、胡萝卜含胡萝卜素较多,经水解后可转化为维生素 A,鱼肝油、蛋黄、肝粉中含维生素 A 也很丰富。成年肉鸽对维生素的需要量是每只每天 200 国际单位。缺乏时,可在保健砂中加入复合维生素。通常饲养时可多喂黄玉米或青绿饲料,以防维生素 A 的缺乏。

②维生素D：维生素D参与骨骼、蛋壳的形成和钙、磷代谢，能促进肠胃对钙、磷的吸收。维生素D主要有维生素D_2和维生素D_3两种，其中维生素D_3效力最高。维生素D缺乏时，幼鸽易患佝偻病，严重者常伏卧不起，腿骨易折；母鸽产蛋小，蛋壳变薄或产软壳蛋，产蛋量和孵化率降低。

维生素D_3可从食物中获得，也可通过鸽体自身合成，奶油、蛋黄和动物肝脏中含有丰富的维生素D_3，但获得维生素D_3最有效方法还是通过阳光照射由鸽体自身产生。维生素D_3的前体物是7-脱氢胆固醇，经阳光照射后变成维生素D_3，所以能够直接阳光照射的鸽子一般不会缺乏维素D，但通过玻璃进入的阳光已滤去紫外线而无此作用。因此，舍饲的笼养成年鸽长期缺乏阳光的照射应补充足够的维生素D_3。

③维生素E：维生素E又叫生育酚，因其易氧化，常作抗氧化剂，与鸽子的生殖机能有关。缺乏时，种蛋常在4～7日龄死亡；幼鸽发生脑软化症和渗出性素质病；公鸽睾丸退化，生殖能力降低；母鸽产蛋孵化率降低。麦芽、谷物的胚和青绿饲料含丰富的维生素E，可供利用。

④维生素K：维生素K是维持正常凝血所必须的成分。缺乏时，幼鸽、种鸽易患出血性疾病。维生素K_4在青饲料和大豆中含量丰富，补充时将维生素添加于饲料中。

(2)水溶性维生素

①维生素C：维生素C能增强抗体免疫力，一般不会缺乏。但在逆境情况下也易缺乏，童鸽生长停滞、体重减轻、贫血，故在应激情况下，应注意补充维生素C。

②维生素B_1：多存在于豆类饲料中。豌豆、小扁豆等豆类

籽实比谷类籽实更富含维生素 B_1，干酵母中最富含维生素 B_1。缺乏维生素 B_1，鸽子表现为“观星状”，也可引起多发性皮炎，并容易感染副伤寒和鸽痘。

③维生素 B_2：又称核黄素，对鸽子体内的氧化还原、调节细胞呼吸起重要作用，是 B 族维生素中对鸽子最为重要而最易缺乏的一种。缺乏时，幼鸽生长缓慢，出现“卷爪麻痹症”，皮肤干燥粗糙，种蛋孵化率低，胚胎死亡。在青绿饲料、革粉、糠麸、小麦中维生素 B_2 含量较高。

④维生素 B_6：又叫吡哆醇，有抗皮炎的作用，与体内的蛋白质、能量、脂肪代谢有关。维生素 B_6 在饲料中含量较丰富，又可在体内合成，鸽子很少发生维生素 B_6 缺乏症。

⑤维生素 B_{12}：参与鸽体内核酸的合成、甲基合成、碳水化合物和蛋白质代谢。维生素 B_{12} 缺乏时，幼鸽发生恶性贫血，生长不良，饲料利用率低；成年鸽产蛋率和孵化率降低。维生素 B_{12} 在肉骨粉、鱼粉、羽毛粉等动物性饲料中含量丰富，苜蓿中也较多。预防维生素 B_{12} 缺乏，可在保健砂中添加适量的饲用酵母。

⑥叶酸：对羽毛生长有促进作用，与维生素 B_{12} 共同参与核酸的代谢和核蛋白的形成。叶酸缺乏时，幼鸽生长缓慢，羽毛生长不良，贫血，骨粗短。常用饲料中含量较多，籽实饲料中含量也较丰富。

⑦烟酸：烟酸是某些酶的重要成分，对碳水化合物、脂肪、蛋白质代谢起重要作用。鸽子缺乏烟酸后造成食欲减退、生长缓慢、羽毛生长不良、种蛋孵化率低、胚胎死亡等症状。饲料中大多含有烟酸，但籽实类和它们的副产品中的烟酸大多不能利用。

⑧泛酸：泛酸是体内合成辅助 A 的原料，以乙酰辅酶 A 形

式参与机体代谢，同时也是体内乙酰化酶的辅酶，对糖、脂肪和蛋白质代谢过程中的乙酰基转移具有重要作用。泛酸广泛存在于动植物饲料中，酵母、米糠和麦麸是良好的泛酸来源。缺乏时，肉鸽的肾上腺皮质萎缩，出血坏死，角膜血管增生，变厚，混浊，出现神经性症状。

⑨生物素：又叫维生素 H，它有多种异构体，但只有 d-生物素才有活性。在肉鸽体内生物素以羧化酶的辅酶的形式广泛参与碳水化合物、脂肪和蛋白质的代谢。生物素广泛存在于动植物蛋白质饲料和青绿饲料中。缺乏生物素时，肉鸽会出现贫血、皮炎、脱毛症。鸽肠内能合成生物素，一般不会缺乏。

⑩胆碱：胆碱作为氨基酸等合成甲基的来源，有调节脂肪代谢的作用。一般饲料中含量都较多，通常在饲料中增加胆碱的用量，以节省价格较贵的蛋氨酸。

(3)肉鸽的维生素需要量

维生素对动物来说虽然是不可缺乏的营养物质，但需要量很少。饲料中维生素缺乏或供应不足，常常会引起动物机体代谢障碍，出现各种疾病，即维生素缺乏症；供应过多或鸽子摄入过多，会引起机体中毒，对健康与生产性能造成严重危害，即患所谓的维生素缺乏症。因此，既要保证饲料中各种维生素供应充足，又要不超过太多以减少浪费和避免中毒。目前所推荐的需要量多是借鉴国外的或肉鸡的研究结果(见表 3-4)。尽管如此，在肉鸽日粮配制中仍具有一定的参考价值。

表 3-4 成年肉鸽维生素需要量

名称	需要量	名称	需要量
维生素 A	200IU/(只·日)	维生素 B_6	0.12 毫克/(只·日)
维生素 D	450IU/(只·日)	维生素 B_{12}	0.24 毫克/(只·日)
维生素 E	1.0IU/(只·日)	尼克酰胺	1.2 毫克/(只·日)
维生素 C	0.7 毫克/(只·日)	生物素	0.002 毫克/(只·日)
维生素 B_1	0.1 毫克/(只·日)	叶酸	0.014 毫克/(只·日)
维生素 B_2	1.2 毫克/(只·日)	泛酸	0.36 毫克/(只·日)

5. 水

(1)水的作用

水,是一切动物赖以生存的前提。乳鸽和蛋的含水量约为70%,成年鸽含水约 60%,老年鸽含水约 50%。水是各种营养物质的溶剂,养分的吸收和废物的排出,都要有水才能完成;机体的新陈代谢,生物体内各种生物反应也都要有水才能进行。同时水还具有调节体温和润滑作用。肉鸽若饮水不足,生长发育、产蛋等正常的生理机能都会受到很大的影响,还会降低机体对食物的消化和吸收率。

鸽缺水后,会出现明显的循环障碍、食欲下降、毛色粗乱、生长停止、生命也受到威胁。根据试验,肉鸽 7 天不吃饲料不会死亡,但水一定不能断。这充分说明水在肉鸽生命中的重要作用。缺水的后果比缺饲料严重得多,轻则引起消化不良、体液减少、体温上升、生长发育受阻、产蛋下降;重则引起机体中毒。炎热天气缺水易引起鸽中暑,雏鸽会大批死亡。另外,生产鸽生产性能也受到影响,因进食饲料相对减少、产蛋量也稍减少、蛋的受精率下降、死胚蛋会明显增多。

(2)水的供给

肉鸽的耐热和耐寒性较其他家禽强些,一般当地气温在10～17℃时,对生产没有太大影响。温度超过30℃时,肉鸽的呼吸次数增加,张口呼吸,肺蒸发水分增多,饮水量会显著增加,产蛋稍有下降。这时若供水不足,体温得不到调节,对生产的影响将会更大。同时,肾脏的排尿量也增多,因而出现拉稀的现象,这在室温超过35℃时更明显。故炎热天气应注意降温,并增加水的供给,可在早、晚适当控制饮水量,但不得在中午限水,以免引起中暑。

鸽子的饮水量一般每只每日为50～100毫升。饮水量随环境气候条件及机体状态而变化,夏季及哺乳期饮水量相应增加,笼养鸽的饮水量增加,35℃时是22℃时饮水量的1.5倍,鸽子在患热性病的情况下饮水量会增加1～2倍。鸽的饮水量还与鸽的品种、年龄、育雏阶段有关。育雏期亲鸽的饮水量相当大。除了自身的需要外,还要哺喂雏鸽的需水量,一般育雏亲鸽每天需饮水70～120毫升。

另外还应注意,在育雏期内,一定要保证供水充足,决不可断水,特别是采用人工育雏,日粮中的含水量不宜低于70%。否则,雏鸽便会有生命危险。

(3)水质的要求

对肉鸽的饮水要求较严格,要求水质要好,无毒、无杂质、无寄生虫卵,这样才能保证鸽的健康;饮用水的温度,以自然温度为好。不可过热或过冷。夏季应清凉,冬、春季应防冻结。

饮水混浊时可用消毒剂、净化剂进行消毒净化。如用明矾净化，每 20 千克水中加入 2.5 克明矾，待杂质沉淀后即可取用，这样既清洁，又能止泻。同时，在饮水中可根据肉鸽的需要加入多种维生素及其他药物，如高锰酸钾等。

(二)鸽子常用饲料

肉鸽常用饲料包括能量饲料、蛋白质饲料、矿物质饲料、维生素饲料和添加剂等。

1. 能量饲料

这类饲料主要用于补充鸽子热能需要。用于养鸽的能量饲料有玉米、稻谷、高粱、小麦、小米、大米等。它们主要成分是碳水化合物，占干物质的 70%～80%，而且其中主要的是淀粉，一般占 82%～90%，故其消化率高；粗纤维含量低，一般在 6%以下；粗蛋白质含量占 10%左右，粗蛋白品质不高，氨基酸组成不平衡，因此必需与其他质量优的蛋白质饲料配合使用。

谷类饲料含钙量一般低于 0.1%，而含磷量可达 0.31%～0.45%，这样的钙，磷比例对鸽子是不适宜的。谷类饲料含有丰富的 B 族维生素和维生素 E，但缺乏维生素 A 和维生素 D。这类饲料适口性好，消化率高。

(1)玉米

它是一种极好的能量饲料，适口性强，来源广泛，价格便宜。玉米的能量较高，含有丰富的淀粉，纤维含量少，氨基酸也很少，玉米中缺乏色氨酸、赖氨酸、胱氨酸、烟酸等成分，故不能单喂玉米。玉米主要性能是产热，寒冷季节较炎热天气在日粮中添加比例要大些，但一般在30％～55％。黄玉米含维生素A原(胡萝卜素)，颜色愈黄则含量愈多。

(2)稻谷

稻谷是我国南方常用的饲料，代谢能含量低于玉米和小麦，含粗纤维多，表面粗糙，适口性差，消化率低，饲喂量不得超过10％。

(3)糙米

糙米营养成分较高，粒度较小，适口性也好，适宜喂各种鸽子，尤其是幼鸽。但糙米缺乏维生素A、维生素C和维生素D。日粮中与玉米和小麦搭配有防止鸽子拉稀作用，用量为10％～20％。

(4)小麦

小麦的热能高，蛋白质多，氨基酸比其他各类完善，B族维生素含量丰富，常作为鸽子的主要饲料，在日粮中用量10％～30％，超过45％会出现鸽子拉稀现象。

(5)高粱

高粱的籽粒较小，蛋白质含量稍高，含70％左右的淀粉，粗纤维、钙与磷较少，所以用来喂鸽子较为适宜，尤其是7～10天的乳鸽喂高粱特别适宜。但高粱缺乏维生素A、维生素C和维生素D。营养价值与玉米相同，含有单宁酸，适口性较差，多食发生便秘，与小麦配合使用效果较好，在日粮比例中不可太高，一般以10％左右较为适宜。

(6)小米

小米的营养价值很高，每千克代谢能14.05兆焦，粗蛋白质

8.9%,粗脂肪 2.7%,粗纤维 1.3%,黄色小米有较多的胡萝卜素,用量一般为 10%~20%。

2. 蛋白质饲料

蛋白质饲料含粗蛋白 20%以上。目前饲养鸽用的蛋白质饲料大多为植物性蛋白质饲料,而较少使用动物性蛋白质饲料。

(1)植物性蛋白质饲料

大都使用豆科植物的籽实,有豌豆、蚕豆、黄豆、绿豆等。赖氨酸含量较高,但蛋氨酸不足,富含磷。这些饲料的共同特点是蛋白质含量丰富,占 20%~40%,而且蛋白质品质也好;无氮浸出物含量较谷类低,只有 28%~62%。常作为鸽体所需蛋白质的主要来源,考虑到含脂量高,故不可过多饲喂,用量适宜。

①豌豆:鸽子最爱吃,饲养效果最好的蛋白质饲料。蛋白质含量较高,占 22.6%;胱氨酸含量较高;粗纤维的含量稍高于禾本科籽实,约占 5.9%。

豌豆从价格上看,在豆类中是较低的一种。如果有货源,则应作主要蛋白质饲料利用,配比量可占饲料的 20%~30%。如果豌豆少,则可用小蚕豆代替。但比较之下,蚕豆的适口性差,所以要过一段时间才能接受,会有一定量的浪费,所以从喂小蚕豆改喂豌豆时则没有任何问题。

豌豆容易被虫蛀,使营养下降,这在平时的管理中要特别注意。野豌豆的营养成分与普通豌豆相似,鸽子也喜欢,但其坚硬度较豌豆硬,如果没有豌豆,也可用野豌豆代替。

②蚕豆:含水分 12.3%,粗蛋白质 24.9%,粗脂肪 1.4%,无氮浸出物 49.8%,粗纤维 8.2%,粗灰分 3.4%,蚕豆籽实颗

粒,种皮较厚,过去我国各鸽场很少用蚕豆饲喂鸽子。从营养上看,蚕豆含蛋白质较高,其他营养成分也较丰富,作为鸽饲料,应粉碎成颗粒,便于鸽子采食,用量比例为10%～25%。

③黄豆:黄豆又叫大豆。其蛋白质含量高达36.9%、脂肪17.2%、粗纤维4.5%、无氮浸出物26.5%、无机盐5.3%。缺乏维生素A、维生素C和维生素D。由于大豆中有抗胰蛋白酶,因此,生喂大豆鸽子不容易吸收,会导致产鸽繁殖率下降,雏鸽生长不良,所以国内外鸽场大多放弃使用大豆,但是也有不少成功的例子。这些鸽场甚至只用大豆作为蛋白质饲料,而不用豌豆或其他豆类。其主要做法是:一是炒熟喂,破坏大豆中的蛋白素;二是用量少,一般在日粮中的配比只占5%～10%;三是要成熟、干燥和贮藏半年以上才能使用。

④绿豆:绿豆也是肉鸽常用的蛋白质饲料,大小适中,适口性好,营养价值高,也有消热解毒的作用,但其产量低,货源少,价格昂贵,故仅在夏季使用,用量为5%～8%。

⑤火麻仁:火麻仁又称为大麻子,具有较高的蛋白质和能量,故火麻仁既是蛋白质饲料又是能量饲料。含水分8.75%,粗蛋白质21.51%,粗脂肪30.41%,粗纤维18.84%,无氮浸出物15.89%,粗灰分4.6%,大麻的花、叶有毒,但大麻籽喂家禽却很安全,鸽子喜欢吃,少量采食有促进肉鸽精子的活力和卵子形成及促进羽毛生长的作用,尤其在每年8～10月鸽子换羽期,火麻仁用量由平时的4%～5%加喂到6%～8%,可加速换羽,使羽毛更加润泽。但必须注意用量,多喂了会引起下痢和过于兴奋。火麻仁在我国北方较多,如果没有火麻仁,可以用向日葵仁、花生仁代替。一般鸽场都不用这些含脂肪高的饲料,对鸽子

也没有什么影响。

⑥饼粕类饲料：饼粕类饲料是植物性蛋白质饲料油料籽实提取大部分油分后的残余部分。包括大豆饼(粕)、花生饼、棉籽饼、菜籽饼、葵花籽饼等。这些饲料的共同特点是油脂与蛋白质含量较高，但无氮浸出物含量比一般谷实类低。常用作配合饲料的原料，经粉碎后与其他饲料混合，压制成颗粒饲料使用。

a. 大豆饼(粕)：豆粕是大豆榨油后的副产品，是我国主要的植物蛋白质饲料来源，其含粗蛋白质在40%以上，含赖氨酸较多，但蛋氨酸、胱氨酸含量不足，添加合成蛋氨酸后，可代替鱼粉。生大豆和未经加热的大豆饼、粕不能直接饲喂。豆粕是制作肉鸽颗粒饲料的优良蛋白质饲料，在肉鸽日粮中完全可以取代其他蛋白质饲料与玉米组成日粮，即可满足肉鸽蛋白质需要。通常可占日粮的10%～25%。

b. 菜籽饼(粕)：油菜籽榨油后所得副产品为菜籽饼(粕)。含较高的蛋白质，达34%～38%，含硫氨酸较丰富，达0.6%左右，赖氨酸含量在1.5%～2.5%，精氨酸含量低，是饼、粕类饲料中最低者。菜籽粕中所含硫葡萄糖甙在芥子酶作用下，可分解为异硫氰酸盐和噁唑烷硫酮等有毒物质，会引起动物甲状腺肿大，激素分泌减少，生长和繁殖受阻，并影响采食量。因此，肉鸽日粮中用量不宜太大，据观察，一般用含4%的菜籽粕的日粮饲喂肉鸽为最安全的。

c. 棉仁(籽)饼(粕)：是提取棉籽油后的副产品，含粗蛋白较高，达34%以上，脱壳的棉仁饼粗蛋白质可达40%。粗纤维含量达13%以上。虽然棉粕赖氨酸的含量比较低，蛋白质品质比较差，饲用价值业不如豆粕，但其价格比豆粕低，是廉价的蛋白质资源。

d. 花生饼(粕):花生饼有带壳榨油和脱壳榨油两种,营养成分差异较大。带壳花生饼的蛋白质含量低,而粗纤维含量高达15%。脱壳后的花生仁饼、粕营养价值高,代谢能含量可超过大豆饼、粕,达到12.55兆焦/千克,是饼、粕类饲料中可利用能量水平最高的。花生仁饼、粕的粗纤维含量为5.3%左右。蛋白质的含量也很高,高者可达到44%以上,但氨基酸组成不佳。花生仁饼、粕另一特点是适口性极好,有香味,所有动物都很爱吃。花生仁饼、粕很易染上黄曲霉,产生黄曲霉毒素,使用时应注意。

其他饼类如芝麻饼、葵花饼等,也都是植物性蛋白质饲料,可适当掺用。

(2)动物性蛋白质饲料

这类饲料含蛋白质特别多,是植物性饲料的1~3倍,所含营养成分较齐全,赖氨酸色氨酸含量较高,同时含钙磷等无机盐也较多,并形成适宜的比例,较易被机体消化和吸收。但当前养鸽业以原粒籽配合鸽的日粮,这样影响了这类饲料的应用,随着全价颗粒料的应用,动物性蛋白质饲料将被广泛应用。

①鱼粉:鱼粉是用鱼或鱼食品工业副产品加工而成的优质动物性蛋白质饲料,不仅蛋白质含量高,而且富含赖氨酸、蛋氨酸、胱氨酸、色氨酸及B族维生素,尤其维生素B_{12}的含量很高。此外,鱼粉中所含氨基酸和矿物质的比例适当,具有很高的利用率。尽管肉鸽是"素食"动物,但生产中给其日粮中加入3%~5%的优质鱼粉,能获得很好的饲喂效果。

市售鱼粉可按其蛋白质含量分为优质鱼粉、等外鱼粉和劣质鱼粉。优质鱼粉是用整条鱼加工制成，其蛋白质含量高达55%～65%；等外鱼粉多是鱼食品工业加工副产品。即鱼的内脏、头和骨等加工而成，蛋白质含量为40%左右，含有较多的钙和磷；劣质鱼粉中蛋白质仅占20%左右，灰分及含盐量特高，氨基酸利用率极低。不宜做肉鸽饲料。肉鸽日粮中使用鱼粉时，应注意鱼粉中的食盐含量，使用含食盐量高的鱼粉，要将食盐计入配方，减少相应的食盐用量。

②肉骨粉：肉骨粉因使用的原料种类不同及骨肉的比例不同，营养价值差别也很大。一般含粗蛋白质54.3%～56.2%、粗脂肪 4.8%～7.2%、灰分 20.1%～24.8%、钙 5.3%～6.5%、磷 2.5%～3.9%、赖氨酸 2.7%～5.8%、蛋氨酸0.36%～1.09%、色氨酸0.31%～0.42%。

一般鸽场中使用的饲料也就是上面提到的能量饲料和蛋白质饲料中的几种。我国地域广阔，粮食品种多种多样，可以因地制宜的合理利用，在试用中总结经验。当然，不少粮食品种，由于价格贵、适口性差等原因，已经证明属于少用或不理想饲料，例如，粟：产量低、栽培少、粒子小、采食不便；荞麦：粗纤维多、栽培少；还有一些如赤豆、扁豆、豇豆、燕麦、黑麦，等等采用得不多；原因是多方面的，但这些饲料，如果价格便宜，有固定资源也是可用于喂鸽的。

3. 矿物质饲料

肉鸽矿物质饲料主要有食盐、贝壳粉、骨粉、石灰石、磷酸氢钙等。这些矿物质主要是补充饲料的钙、磷等元素的不足。此外根据需要还要补充含铁、铜、钴、锰、锌、碘、硫、镁、硒等元素的化合物。这类饲料的特点是有机物含量很少或是没有,各自含有特定的矿物元素,除骨粉和磷酸氢钙中钙,磷含量比较高外,其他矿物质饲料中特定矿物元素之外的元素含量都比较低,所以在配制日粮中这些矿物质必须合理供给,否则会影响鸽体健康。

(1)含钙饲料

包括有贝壳粉、熟石灰和石膏。贝壳粉是将蛋壳、蛤壳等磨成粉末,含有大量碳酸钙。熟石灰主要含有氢氧化钙,这些都是良好的钙质补充剂。其中石膏还有帮助羽毛生长的作用。

(2)骨粉

是良好的钙、磷补充饲料,其主要成分是磷酸钙,内含钙38%,磷20%,骨粉是用新鲜兽骨经高温蒸煮或烘烤后粉碎而成的。

(3)食盐

是钠和氯的补充物质,以海盐为最佳,因为它含有碘。

(4)含铁物质

一般使用深层红土作为含铁物质,越是深层的红土壤,细菌污染越小。国内外养鸽行家们现已用红铁氧混在保健砂里,代替红土来补充铁质,既方便又卫生。

(5)木炭末

用普通木炭研成碎粒状。能吸收消化道的有害气体和多余水分,起收敛止泻的作用。在下雨潮湿的季节,饲料中缺乏高粱而小麦偏多时,让鸽子啄食碎末炭,效果良好。

(6)砂粒

因鸽子无牙齿,不能嚼碎饲料。砂粒的大小和多少对鸽子的健康至关重要。有些鸽子消化不良，是因为吃了大砂粒的缘故，大砂粒如磨不碎，就留在砂囊内，阻止消化，这也是引起疾病的原因之一。

(7)微量矿物质饲料

微量矿物质饲料是指为机体提供微量元素的矿物盐。肉鸽饲养中常需补充的微量元素主要有铁、铜、锌、锰、锡、碘等。饲料中常用的化合物见表 3-5。

表 3-5　鸽子常用矿物质饲料

矿物质饲料名称	矿物质含量	矿物质饲料名称	矿物质含量
贝壳粉	38.1%Ca	硫酸亚铁	32.9%Fe
蛋壳粉	37.76%Ca　0.18%P	硫酸铜	25.4%Cu
骨粉	30.12%Ca　13.46% P	硫酸锌	36.4%Zn
石灰石粉	37.00%Ca　0.02%P	硫酸锰	32.5%Mn
磷酸氢钙	23.10%Ca 18.7%P　0.6%Na	亚硒酸钠	45.6%Se 26.6%Na
食盐	3.3%Na　60.7%Cl	碘化钾	76.4%I

4. 维生素饲料

青绿饲料和水生植物是各种维生素的主要来源。在饲养规模较小和缺乏维生素添加剂的情况下，必须保证青绿饲料的供应，否则会影响鸽子的健康，严重的会导致死亡。但喂饲新鲜的植物往往导致体内多种寄生虫病的发生，务必注意驱虫。大型的鸽场采用禽用多种维生素添加剂是最理想的维生素饲料，可以将其配在保健砂内任鸽子自由采食。

(1)青绿饲料

包括白菜、花菜、卷心菜、无毒野菜、青菜类,胡萝卜以及水生植物等,这些饲料含有丰富的维生素。其使用方法是将新鲜饲料切碎直接喂给鸽子用,也可切碎晾干后再喂给鸽子。

(2)干草粉

苜蓿草粉、槐叶粉及其他草粉是鸽子良好的维生素饲料。在使用时干草粉要加入配合饲料中制成颗粒剂。

(3)合成维生素

市场上现有许多可溶或不可溶的多种维生素制剂,主要也是用于补充肉鸽的维生素。可溶性维生素制剂可通过饮水补充,而不溶性维生素制剂可通过配合制成颗粒料或拌于保健砂中补充。

5. 添加剂饲料

添加剂是指除提供营养物质的饲料之外,为某种特殊目的而加入到配合饲料中的少量或微量物质。添加剂的作用一方面是补充鸽子生长所需的营养物质,如氨基酸、维生素、矿物质等;另一方面是预防和治疗某些疾病。还有一个作用就是促进生长发育。饲料添加剂根据其成分和作用可分为两大类,即营养性添加剂与非营养性添加剂。

(1)营养性饲料添加剂

是指动物营养上必需的那些具有生物活性的微量添加成分,主要包括氨基酸添加剂、维生素添加剂和微量元素添加剂等。

①维生素添加剂:有单一维生素添加剂,如维生素 A、维生

素 D_3、维生素 E、维生素 K_3、维生素 B_{12} 等;也有复合维生素添加剂,即多种维生素添加剂。添加量应根据鸽子的生长阶段,参照产品说明添加。

②微量元素添加剂:是将鸽子需要的各种微量元素混合而制成的。市场上通常销售的是禽用微量元素。使用时可按照说明书配喂。可在饲料中添加禽用微量元素,也可在保健砂中添加。

③氨基酸添加剂:肉鸽日粮以植物性饲料为主,常缺乏动物性蛋白质,肉鸽需要的必需氨基酸相当缺乏,在日粮中适当补充肉鸽必需的氨基酸如赖氨酸和蛋氨酸等,可以强化饲料蛋白的营养价值,平衡各种氨基酸的比例,提高饲料中蛋白质的利用率。一般可在日粮中添加蛋氨酸 20～30 克每 50 千克,赖氨酸 30～40 克每 50 千克。

(2)非营养性饲料添加剂

此类添加剂种类繁多,如生长促进剂、中草药添加剂、酶制剂、饲料保存剂等。非营养性添加剂不是饲料内固有的营养成分,而是外加到饲料中以提高饲料效率的部分。

①抗生素:抗生素是一些特定微生物在生长过程中的代谢产物。除用做防治疾病外,也可作为生长促进剂使用,特别是在卫生条件和管理条件不良情况下,效果更好。使用抗生素添加剂时,要特别注意长期使用和滥用抗生素产生抗药性和产品中的残留问题,要了解药物的使用和禁用范围,严格控制用量,并按规定停药。

②中草药添加剂:可将中草药晾干磨粉后掺入饲料或保健砂中饲喂,如:金银花、龙胆草、车前草、穿心莲、大蒜、麦芽、神曲、马钱子、芥子、茴香油、凤尾草等。

③酶制剂:幼龄鸽因消化道尚未发育完全,导致酶产量和肠道吸收能力降低,因此减弱对谷实及其他植物性饲料的消化能力。若在幼龄动物日粮中添加适量酶制剂,则有助于减少甚至逆转上述不良后果,有利于营养物质的消化吸收。酶的种类很多,实际生产中应根据饲料原料的种类和鸽的生长阶段选择相应的酶制剂。

④增进食欲添加剂:常见的有酵母片、鱼肝油、大黄、苏打片等以增进食欲,帮助消化,还可加入香料改变饲料的适口性。

⑤激素类添加剂:可提高鸽产蛋力和缩短换羽期,使用于没有性欲或受精率低的种鸽。在保健砂按50～100克每50千克添加。

⑥饲料保存剂:在高温、高湿季节,饲料容易氧化和霉变,降低饲料的营养价值。在饲料中加些抗氧化剂和防霉剂可以延缓这类不良的变化。常用的抗氧化剂有乙氧基喹啉(又称为乙氧喹、山道喹)、BHA(丁羟基茴香醚)、BHT(二丁基羟基甲苯)一般用量为0.01%～0.02%;常用的防霉剂有丙酸、丙酸钠、丙酸钙、双乙酸钠,常用量为0.1%～0.2%。

目前,较大规模的鸽场配制饲料和保健砂数量大、时间长,在原料的加工、配制、贮藏、使用过程中,由于受到潮湿、高温等因素作用,较易发生霉变,特别是保健砂使用时,许多营养成分会受到破坏,甚至某些化学物质由于相互作用而产生有毒的物质。如果肉鸽吃了这种发霉、变质、有毒的保健砂,不仅不能保健,反而会发生疾病。因此,在保健砂中添加防霉及抗氧化添加剂是很有必要的。

上面主要介绍了各种饲料原料的营养特性与注意事项,下面列出鸽常用饲料及营养成分(详见表3-6～表3-9)。

表 3-6 饲料常规成分含量

饲料名称	粗蛋白质(%)	粗脂肪(%)	粗纤维(%)	代谢能(千焦/千克)
玉米	7.8	4.0	2.25	12 999.8
高粱	8.6	3.3	5.5	12 665.4
稻谷	6.1	1.26	10.77	8 151
小麦	11.9	2.0	1.8	11 495
大麦(皮)	11.1	2.1	4.2	11495
小米	12.0	4.0	0.7	12 247.4
大米	7.8	1.45	0.4	14 212
麦麸	16.0	4.3	8.2	8 652.6
黄豆	38.1	13.1	4.1	11 495
黑豆	34.6	16.5	6.2	12 999.8
豌豆	22.2	1.70	5.6	9 948.4
绿豆	22.6	1.1	4.7	10 826.2
蚕豆	24.5	1.6	7.5	9 154.2
火麻仁	34.3	7.6	9.8	10 450
黄豆饼	46.2	1.3	5.0	10 324.6
黑豆饼	40.0	1.5	5.3	9 572.2
花生饼	42.4	1.5	8.5	10 115.6
棉仁饼	41.4	5.8	10.7	10 659
鱼粉	50.5	12.6	0.7	9 864.8

表 3-7　饲料代谢能及矿物质含量

饲料名称	钙(%)	磷(%)	镁(%)	钾(%)	钠(%)	氯(%)	硫(%)	铁(%)	铜(毫克/千克)	钴(毫克/千克)	锌(毫克/千克)	锰(毫克/千克)
玉米	0.03	0.28	0.11	0.39	0.01	—	—	0.01	3.6	—	24	7
高粱	0.07	0.27	0.12	—	—	—	—	0.01	5.2	—	22	16
小麦	0.06	0.32	0.13	—	—	—	—	—	6.7	—	27	51
大麦	0.09	0.41	0.11	0.60	0.15	0.25	—	0.01	6.4	—	33	18
稻谷	0.05	0.26	0.07	0.98	0.05	0.07	0.05	—	3.7	—	14	21
小米	0.05	0.30	0.18	0.48	0.02	0.16	0.14	0.01	—	—	15	30
粗米	0.03	0.33	0.09	—	—	—	—	0.01	3.3	—	10	21
黄豆	0.24	0.67	0.34	1.54	0.03	0.03	0.23	0.01	16.6	—	45	27
豌豆	0.09	0.57	—	—	—	—	—	0.10	—	0.01	50	12
蚕豆	0.24	0.43	—	—	—	—	—	0.08	8.3	0.03	55	54

续表

饲料名称	钙(%)	磷(%)	镁(%)	钾(%)	钠(%)	氯(%)	硫(%)	铁(%)	铜(毫克/千克)	钴(毫克/千克)	锌(毫克/千克)	锰(毫克/千克)
黄豆饼	0.36	0.74	0.33	2.33	0.02	0.03	0.93	0.09	21.1	0.53	69	39
花生饼	0.22	0.61	0.28	—	—	—	—	0.12	17.6	—	79	47
棉仁饼	0.26	1.16	—	—	—	—	—	—	24.2	—	63	23
鱼粉	6.78	3.59	0.19	0.69	0.67	—	—	0.10	11.6	—	122	21
骨粉	30.7	12.86	0.33	0.19	5.69	0.01	2.51	2.67	11.5	—	130	23
贝壳粉	38.1	0.07	0.30	0.10	0.21	0.01	—	0.29	—	—	—	134
磷酸氢钙	24.32	18.97	—	—	—	—	—	—	—	—	—	—
碳酸钙	36.74	0.04	0.50	—	0.02	0.04	0.09	—	—	—	—	—
食盐	0.03	—	0.13	—	39.20	60.61	—	—	—	—	—	—

表 3-8　饲料氨基酸含量(%)

饲料名称	赖氨酸	蛋氨酸	色氨酸	甘氨酸	组氨酸	亮氨酸	异亮氨酸	胱氨酸	精氨酸	缬氨酸	苏氨酸	苯丙氨酸	酪氨酸
玉米	0.24	0.17	0.06	0.35	0.24	1.11	0.32	0.22	0.49	0.45	0.32	0.43	0.42
高粱	0.23	0.12	0.08	0.30	0.21	1.19	0.38	0.13	0.33	0.49	0.29	0.44	0.23
稻谷	0.33	0.21	0.12	0.99	0.11	0.65	0.33	0.12	0.65	0.63	0.22	0.33	0.32
小麦	0.38	0.16	0.13	0.52	0.28	0.81	0.40	0.26	0.60	0.54	0.34	0.52	0.38
大麦	0.37	0.13	0.12	0.44	0.21	0.76	0.37	0.14	0.46	0.53	0.36	0.52	0.27
小米	0.19	0.28	0.20	0.28	0.22	1.33	0.41	0.20	0.38	0.52	0.34	0.64	0.23
大米	0.28	0.18	0.10	0.36	0.17	0.59	0.32	—	0.61	0.48	0.28	0.39	0.38
麦麸	0.64	0.16	0.28	0.79	0.44	0.9	0.51	0.26	1.05	0.74	0.49	0.59	0.33
黄豆	2.36	0.48	0.48	0.90	0.89	2.8	2.03	0.59	0.77	1.92	1.44	1.81	1.18
黑豆	1.85	0.30	0.43	1.49	1.40	3.01	1.76	0.52	2.75	1.92	1.36	1.84	1.31
豌豆	1.94	0.17	0.21	0.77	0.38	1.48	0.92	0.27	1.94	1.02	0.79	0.94	0.73
绿豆	1.49	0.24	0.21	—	0.63	1.82	0.78	—	1.55	1.11	0.8	1.18	—
蚕豆	1.53	0.15	0.23	0.95	0.60	1.68	0.95	20.42	1.98	1.08	0.88	0.98	0.86
黄豆饼	2.59	0.49	0.44	1.70	1.11	3.1	2.0	0.70	3.77	2.14	1.48	1.77	0.40
花生饼	1.44	0.29	0.99	2.58	1.14	2.73	1.44	0.41	5.16	1.74	1.14	2.05	1.82
棉仁饼	1.48	0.54	0.47	1.70	0.90	2.13	1.44	0.61	0.04	1.73	1.19	1.88	0.97
鱼粉	4.20	1.80	0.74	3.66	1.40	4.36	2.56	0.55	3.25	2.91	2.42	2.42	1.97

表 3-9　鸽常用饲料维生素含量

饲料名称	维生素A（单位/千克）	维生素B（单位/千克）	维生素E（单位/千克）	维生素K（单位/千克）	硫胺素（单位/千克）	核黄素（单位/千克）	泛酸（单位/千克）	烟酸（单位/千克）	吡哆醇（单位/千克）	生物素（单位/千克）	叶酸（单位/千克）	胆碱（单位/千克）	维生素B_{12}（单位/千克）
玉米	—	—	25.6	—	4.7	1.3	5.8	26.6	8.37	0.07	0.23	624	—
高粱	—	—	13.6	—	4.4	1.3	12.8	48.0	4.61	0.20	0.27	762	—
稻谷	—	—	13.5	—	2.8	1.1	11.0	30.3	—	0.08	—	1014	—
小麦	—	—	17.4	—	5.5	1.3	13.6	63.6	—	0.11	0.45	933	—
大麦	—	—	36	—	5.0	2.0	6.4	57.2	3.26	0.2	0.51	1027	—
小米	—	—	—	—	7.3	1.8	8.2	58.4	—	—	—	877	—
麦麸	—	—	12.1	—	8.9	3.5	32.6	235.1	11.24	0.54	1.19	1110	—
黄豆	—	—	40.6	—	12.3	2.9	17.4	24.5	12.0	0.42	0.53	3186	—
豌豆	—	—	—	—	10.4	1.5	5.1	17.2	—	0.2	0.4	713	—

续表

饲料名称	维生素A（单位/千克）	维生素B（单位/千克）	维生素E（单位/千克）	维生素K（单位/千克）	硫胺素（单位/千克）	核黄素（单位/千克）	泛酸（单位/千克）	烟酸（单位/千克）	吡哆醇（单位/千克）	生物素（单位/千克）	叶酸（单位/千克）	胆碱（单位/千克）	维生素B_{12}（单位/千克）
蚕豆	—	—	1.0	—	5.5	1.6	2.7	22.4	—	0.09	—	1670	—
黄豆饼	—	—	3.4	—	7.4	3.7	16.3	30.1	8.99	0.36	0.71	3082	0.11
花生饼	—	—	3.3	—	7.9	12.0	57.6	184.9	10.87	0.42	0.39	2174	—
棉仁饼	—	—	16.4	—	7.1	5.5	15.3	43.2	6.99	0.11	0.51	3126	—
鱼粉	—	—	3.7	—	—	7.1	9.5	68.8	3.76	0.39	0.22	3978	0.11
酵母粉	—	—	—	—	6.2	63.8	82.9	49.5	46.5	1.10	9.73	2860	—
奶粉	—	—	—	—	0.2	5.2	5.8	59.4	—	0.14	0.62	2000	—
肉骨粉	—	—	0.8	—	0.2	4.8	4.6	56.0	—	0.14	0.55	1980	0.11

6. 饲料选购原则

(1)饲料选购原粮,降低成本

购买原粮时,一定要从提高经济效益,降低成本的角度去考虑,尽可能利用自产原粮或就地购买价格便宜、质量优的原粮。在本地已有原粮的基础上进行配制,综合利用本地资源,可以降低成本。另外,在当地购买原粮时,一定要严把质量关,检查所购原粮是否干燥、有无发霉或变质、存放的时间长短、是否新鲜等。切不可购买不良饲料,否则后患无穷。

(2)外地选购原粮注意事项

既要考虑原粮饲料价格,降低饲料成本,又要考虑饲料的营养特性及饲料品质。

①选购时一定要认真检查,对发霉、变质或含有有毒物质的饲料坚决不买,发芽、虫蛀、鼠咬的饲料也不能购买,这样的饲料不仅营养成分不足,而且还有可能带来病原菌或某些毒素,从而造成不应有的损失。

②在运输原粮过程中也一定要保质、保量,必须做好防雨措施。

③在运输前,最好先了解所经之处有无重大疫病流行。若有,最好绕道而行,以防止污染了饲料、车辆及人,从而将病原菌带入鸽场。

④尽量减少运输时间,因为饲料堆放在一起。时间过久,会发热变质。

⑤从外地购买的原粮到场后,最好在阳光下暴晒一定时间,这样才能起到消毒杀菌的效果。

(三)肉鸽日粮配制

1. 肉鸽的饲养标准

饲养标准是根据肉鸽的年龄、生产水平,结合代谢试验和饲养试验结果及实践经验,对日粮中的能量、蛋白质、维生素和矿物质等各种营养物质科学地规定一个标准,作为科学饲养的依据。但到目前为止,国内外还没有公布过鸽子的饲养标准,有的只是一些经验配方或典型日粮配方中换算而得来的参考性营养标准,现列出供参考(见表 3-10)。

表 3-10 肉鸽的营养需要

营养物质种类	育雏期种鸽	非育雏期种鸽	幼 鸽
代谢能(千焦/千克)	12 000	11 600	11 900
粗蛋白(%)	17	14	16
蛋能比(克/千焦)	240	210	230
钙(%)	3	2	0.9
总磷(%)	0.6	0.6	0.7
有效磷(%)	0.4	0.4	0.6
食盐(%)	0.35	0.35	0.3
蛋氨酸(%)	0.3	0.27	0.28
赖氨酸(%)	0.78	0.56	0.60
蛋氨酸+胱氨酸(%)	0.57	0.50	0.55

续表

营养物质种类	育雏期种鸽	非育雏期种鸽	幼　鸽
色氨酸(%)	0.15	0.13	0.16
维生素 A(单位)	2 000	1 500	2 000
维生素 D_3(毫克)	400	200	250
维生素 E(毫克)	10	8	10
维生素 B_1(毫克)	1.5	1.2	1.3
维生素 B_2(毫克)	4	3	3
泛酸(毫克)	3	3	3
维生素 B_6(毫克)	3	3	3
生物素(毫克)	0.2	0.2	0.2
胆碱(毫克)	400	200	200
维生素 B_{12}(毫克)	3	3	3
亚麻酸(毫克)	0.8	0.6	0.5
烟酸(毫克)	10	8	10
维生素 C(毫克)	6	2	4

2. 肉鸽营养需要的特点

(1)鸽子喜素食,不爱吃荤

肉鸽喜欢吃植物性饲料,不喜欢吃动物性饲料。但对动物性蛋白质还有一定的需求量,因而配合日粮中要注意补充。

(2)肉鸽的饲料可不经加工直接投喂

不同的生长阶段的营养需要也不一样。繁殖期种鸽谷类

70%～75%，豆类25%～30%；非繁殖期种鸽谷类85%～90%，豆类10%～15%。幼鸽谷类75%～80%，豆类20%～25%。

(3)肉鸽的日粮中含脂肪不能过高

肉鸽的日粮中含脂肪不能超过5%，一般为3%～5%。日粮中脂肪过高，会影响消化，引起下痢，而且会降低肉的品质，故在饲养实践中，不必要饲喂含脂量高的饲料。

(4)肉鸽需要补充维生素制剂

由于肉鸽以舍饲和笼养为主，自由采食青绿饲料的很少，加之生长发育很快，对维生素需要量大，因此平时在保健砂中对维生素制剂进行补充。

(5)肉鸽对矿物质的需求量大

一般要给肉鸽加喂矿物质制剂，否则影响生长，使繁殖力下降。

(6)肉鸽对水的需求量远远大于鸡

肉鸽对水的需求量随季节、气候、品种、年龄、饲料种类、生理状态等不同而异。但肉鸽与肉鸡相比，需求量远远大于鸡。在育雏期要比平时大2～3倍。为此，应充分满足肉鸽对水的需要。

3. 日粮配制的原则

日粮的合理配制是满足鸽子各种营养需要，保证鸽子正常生长发育的需要。配制日粮时必须依据饲养标准和常用饲料营养成分表，并以鸽子的现实情况和现有饲料品种为依据。只有饲喂全价日粮才能保证鸽子的健康和生产性能的正常发挥。所以，日粮配制尤为重要，同时应注意下列问题：

(1)原料品质和适口性好

要求饲料新鲜、干燥无杂质，存放过久的饲料最好不用，酸败、霉烂和变质的原料坚决不用，皮壳过硬的少用。

(2)品种多样化，搭配合理

原则上有 5～6 种饲料配制而成，注意营养物质间互补作用。

(3)原料价格低廉：在满足鸽的主要营养需要的前提条件下，尽量采用价廉的饲料，降低饲料成本。

(4)日粮相对稳定

鸽子对不同饲料有选择性，特别是经常采食的饲料突然改喂新的品种，会产生换料应激。务必保持相对稳定或事先安排一个过渡日粮，以免鸽子拒食，影响生长和繁殖。

(5)饲料搅拌均匀

鸽子配合饲料由多种单一饲料混合而成，需均匀混合，特别是在配制保健砂时，由于含有维生素及矿物元素添加剂时，更需要搅拌均匀。

4. 饲料配方计算

日粮配合方法有很多种，最常用的是试差法。试差法即是将计算的所配饲料提供的各种营养物质总量结果与饲养标准对照，并根据二者之差反复调整各种原料给量，以求其差异逐渐减少直至消失。其步骤如下：

(1)根据肉鸽常用饲料和本地饲料资源情况，参照参考性饲养标准，初步确定选用的饲料所占的百分比。

(2)从饲料成分表中查出所配合的各种饲料的营养成分。用每种饲料所含的营养成分(如代谢能、粗蛋白、粗纤维、钙、磷等）乘以所用饲料的百分数。

（3）与参考性饲养标准进行对比，即把同一项（如粗蛋白）的各种饲料的乘积相加，与参考性饲养标准的规定营养需要对照比较。如果配合日粮与饲养标准相差不大．就可以使用。如果相差很大，就要进行调整，使其达到或接近肉鸽饲养标准规定的数值时为止。如能量偏高，而蛋白质含量偏低，就增加含高蛋白质的豆类用量，而适当降低高能量的谷类，这样进行几次调整后，使各项营养成分基本达到营养标准，就可以使用。

饲养标准项目较多，在计算时，首先应抓住代谢能、粗蛋白质、钙、磷和蛋氨酸、赖氨酸等项，食盐、维生素、微量元素可放在最后定量添加。

现要求计算出一个童鸽的饲料配方，其步骤如下：

第一步，设立饲养标准　首先确定研究对象的饲养标准，根据需要选定营养指标，如表 3-11 所示。

表 3-11　童鸽饲养标准

营养指标	代谢能（兆焦/千克）	粗蛋白质（%）	钙（%）	总磷（%）	食盐（%）
需要量	12	17	0.9	0.7	0.3

第二步，选定使用原料　选定的原料有：玉米、豆粕、小麦、石粉（钙 36%）、磷酸氢钙（钙 23%，磷 16%）、食盐、1%预混料（提供氨基酸、维生素、微量元素等）。据饲料成分表（见表 3-6、表 3-7、表 3-8），查找各种原料的各种营养物质含量。

第三步，预定各种原料的添加量　根据经验大致给出各种原料的配量，计算出所配饲料的各种营养物质含量，如表 3-12。

第四步，调整配方　从上表看出代谢能、总磷、盐均与饲养标准很接近，仅粗蛋白、钙含量稍多一些。因此，减少豆粕3.3%，增加玉米0.4%，总磷含量为0.66%，与饲养标准很接近。这样就完成了童鸽饲料配方的计算。结果见表3-13。

表3-12 预定饲料配方中的营养物质含量

营养指标 饲料	代谢能（兆焦/千克）	粗蛋白质（%）	钙（%）	总磷（%）	盐（%）
玉米（65.4%）	8.87	5.69	0.013	0.176	
豆粕（25.5%）	2.45	11.99	0.079	0.155	
小麦（5.6%）	0.69	0.64	0.002	0.021	
石粉（1.0%）			0.358		
磷酸氢钙（2.2%）			0.501	0.342	
食盐（0.3%）					0.3
合计（%）	12.01	18.32	0.953	0.0694	0.3
与饲养标准之差（%）	0.1	1.31	0.05	0.000	0.00

表3-13 调整后饲料配方的营养物质含量

营养指标 饲料	代谢能（兆焦/千克）	粗蛋白质（%）	钙（%）	总磷（%）	盐（%）
玉米（65.8%）	8.92	5.73	0.013	0.177	
豆粕（22.2%）	2.13	10.43	0.069	0.135	
小麦（7.5%）	0.92	0.86	0.003	0.0029	
石粉（0.8%）			0.286		

续表

营养指标 饲料	代谢能 (兆焦/千克)	粗蛋白质(%)	钙(%)	总磷(%)	盐(%)
磷酸氢钙(2.4%)			0.547	0.373	
食盐(0.3%)					
预混料(1%)					0.3
合计(%)	11.98	17.01	1.008	0.714	0.3
与饲养标准之差(%)	−0.02	+0.01	+0.008	+0.014	0.00

日粮配方的计算往往不能一次就能达到恰如其分，有时须反复多次才能确定下来，再通过饲养效果进行改进，以制定出最佳饲料配方。

5. 肉鸽日粮配方

(1)育雏期种鸽日粮

配方 1：玉米 40%，稻谷 18%，小麦 8%，豌豆 30%，大麻籽 4%。

配方 2：玉米 30%，糙米 17%，小麦 10%，高粱 10%，豌豆 18%，绿豆 10%，大麻籽 5%。

配方 3：玉米 36%，稻谷 10，小麦 12%，高粱 10%，豌豆 26%，绿豆 6%。

配方 4：玉米 45%，小麦 13%，高粱 10%，豌豆 20%，绿豆 8%，大麻籽 5%。

(2)休产亲鸽用日粮

配方 1:玉米 40%,小麦 25%,高粱 24%,豌豆 10%,绿豆 5%,大麻籽 1%。

配方 2:玉米 34%,小麦 25%,高粱 25%,大米 5%,豌豆 10%,大麻籽 1%。

配方 3:玉米 32%,小麦 17%,高粱 15%,豌豆 30%,绿豆 5%,大麻籽 6%。

配方 4:玉米 30%,小麦 20%,高粱 20%,糙米 18%,豌豆 6%,绿豆 5%,大麻籽 1%。

(3)生长鸽用日粮

配方 1:玉米 55%,小麦 15%,豌豆 20%,绿豆 5%,大麻籽 5%。

配方 2:玉米 50%,小麦 15%,糙米 10%,大豆 15%,绿豆 10%。

配方 3:玉米 45%,小麦 12%,高粱 18%,豌豆 20%,大麻籽 5%。

配方 4:玉米 44%,小麦 15%,高粱 17%,豌豆 18%,绿豆 3%,大麻籽 3%。

6. 肉用颗粒饲料

随着养鸽业的发展,使鸽子营养学得到重视和利用,继而颗粒饲料的问世,减少了喂鸽饲料搭配的麻烦,也无须担心鸽子因缺乏营养而出现的疾病。

(1)配合颗粒饲料的优点

①颗粒饲料能尽量地满足乳鸽(尤其是亲鸽)在生产中对营

养成分的需要，并可按需要添加必需的氨基酸、微量元素和多种维生素，使亲鸽的生产性能得以充分提高，发挥乳鸽的生产潜力，提高了产蛋率和出仔率。

②能有效地防止鸽子偏食和挑食的习惯，减少饲料浪费。

③颗粒饲料的营养成分较高且易吸收，能有效地提高乳鸽的生长速度。

④能充分利用豆粕等粮食副产品做饲料，提高营养水平，降低了饲料成本。

⑤方便饲养管理，提高工作效率。颗粒饲料免去在饲养过程中配制饲料和保健砂等工序，饲养员增加了管理鸽子的时间，提高了工作效率。

(2)肉鸽颗粒饲料的配方

颗粒饲料的配方设计与计算方法与前面所介绍的相同，只是要求精确细致，各种养分齐全平衡。下列配方可供参考。

①育雏亲鸽饲料配方

玉米 65.43%，豆饼 26%，鱼粉 2%，骨粉 5.2%，食盐 0.37%，预混料 1%。

配方营养成分：代谢能 11.96 兆焦/千克，粗蛋白 16.85%，钙 1.43%，磷 0.86%。

②非育雏亲鸽饲料配方

玉米 63%，高粱 8.2%，豆饼 14%，麸皮 7%，鱼粉 1%，骨粉 5.4%，食盐 0.4%，预混料 1%。

配方营养成分：代谢能 11.88 兆焦/千克，粗蛋白 13%，钙 1.42%，磷 0.85%。

③青年鸽饲料配方

玉米 52.4%，高粱 16%，豆饼 12%，麸皮 13%，鱼粉 1.5%，骨粉 3.75%，食盐 0.35%，预混料 1%。

配方营养成分：代谢能 11.62 兆焦/千克，粗蛋白 13.2%，钙 1.08%，磷 0.76%。

(3)配合颗粒饲料使用过程中应注意的问题

①颗粒饲料开始饲喂时，鸽有拒食表现。肉鸽的饲料从原粒粮改为颗粒料必须经过 9 天以上的过渡期，逐步减少原粒料，增加颗粒料。到 10 天可试着完全采用颗粒料饲喂。

②饲喂颗粒料时，照常供应保健砂，因为鸽的消化机能特殊，肌胃中需有适宜的粗砂帮助消化饲料。

③在使用过程中，必须注意观察亲鸽的生产情况及幼鸽的消化机能。若出现消化不良、拉稀等现象，应立即停喂，查明原因。

④因不带仔产鸽饲料采食量多，容易导致过肥，从而影响产蛋及受精。

⑤产鸽易产生啄毛现象，这可能是某些营养成分不足引起。

⑥颗粒饲料如保管不当或加工水分超标，造成霉菌增生，代谢水增加，使颗粒饲料进一步霉变。

(四)保健砂的配制

保健砂是指多种矿物质和微量元素的混合物。保健砂能促进鸽机体的正常发育，防止鸽患软骨症和产软壳蛋、薄壳蛋；能帮助鸽的胃肠对玉米、豌豆等大颗粒料的消化，同时，砂粒中的微量元素也可被机体吸收；保健砂中的红土富含铁、锌、硒等多种微量元素，可有效维持成鸽健康，促进仔鸽生长。

1. 主要配料成分及其作用

(1)贝壳粉(片)

通常是用各种贝壳制成的,将采集的贝壳用粉碎机或人工辗碎成直径为5～6毫米的小碎片。一般贝壳的用量为20%～40%。贝壳的作用:一是帮助肌胃的消化;二是贝壳中含有丰富的钙质,占40%左右。另外还含有磷、镁、钾、铁、氯等矿物质元素。因而贝壳是保健砂中钙的主要来源。

(2)骨粉

是动物骨骼经高温消毒脱脂后粉碎而成的,是钙磷的主要来源。主要含钙30.7%,磷12.8%,钠5.69%,氯0.01%,钾0.19%,镁0.33%,硫2.51%,铁2.67%,铜1.15%,锌1.3%。骨粉是保健砂中钙、磷的主要来源,同时也是铁、铜、锌等微量元素的提供者。骨粉能防止幼鸽发育不良、骨骼变形及软骨症,防止雌鸽产软壳蛋、薄壳蛋和沙壳蛋等。骨粉中的铁元素对血红蛋白的形成和预防贫血有较好的作用。一般骨粉的用量为5%～10%。

(3)蛋壳粉

缺乏贝壳粉或骨粉时使用。含钙34.8%,是钙的主要来源。使用前应高温消毒粉碎备用。

(4)熟石灰

含钙38%,作用是补充钙及少量微量元素。熟石灰的碱性较强,用量不宜太多,一般为5%左右。

(5)钙

陈石灰,含较多钙质,具有补充钙和清凉解毒的作用,特别是在8～10月龄换羽期间，有良好的促进换羽作用，一般用量在5%。

(6)砂粒

砂粒选择中等粒大小，用水冲洗干净后在消毒液中浸泡2～3天，再置于阳光下晒2～3天，干燥后装袋备用。砂粒主要作用是帮助肌胃对饲料进行机械粉碎，便于肠道对营养物质的消化和吸收。若保健砂中缺少砂粒易导致鸽子营养不良，降低饲料的利用价值。

(7)石米

即小石子。在砂粒缺乏地区，可用砂粒大小的石子替代。石米除具有砂粒的作用外，它还具有来源较多，大小均匀，干净好用，不含杂质。石米较砂坚硬，在肌胃中不易磨碎，但不必担心吃得多会积累在肌胃里，鸽子本身能根据需要啄食适量的石米，而且能通过体内调节和消化功能将部分较细的石米从粪便中排出。另外，鸽肌胃的压力和酸性是很大的，它足以在几天内将石米磨细或粉碎而排出。

(8)红土或者黄土

随处都可挖到，但应注意挖掘无病菌和没有毒物污染的深层土，挖出后晒干再装入袋中备用。红土中含有铁、锌、钴、锰、硒等多种微量元素，供鸽子机体使用。由于现时的保健砂中有常量元素或微量元素等，因此，现行的保健砂配方中已少用或不用黄泥。

(9)木炭末或草木灰

其表面有很强的吸附作用，能吸附肠道产生的有害气体，消除有害的化学物质和细菌等病原体，还具有止血收敛的作用。

使用时用量控制在5%以内。

(10)食盐

粗粒海盐较理想,主要成分是氯和钠,还有少量钾、碘、镁等元素。食盐可补充体内需要的元素,增强食欲,促进新陈代谢的作用。肉鸽对食盐有一定的耐度,但是过量摄入会导致中毒,一般用量为占保健砂的2%～5%。

(11)氧化铁

呈红棕色,可向油漆商购买。其作用主要是供给铁质,合成血红蛋白,促进血液循环,用量不能太多,以0.5%～1%为宜。

(12)保健砂添加剂

根据需要在保健砂中还应加入氨基酸添加剂,微量元素添加剂,多种维生素添加剂和某些中草药等。它们性质不同,作用各异,都是机体的营养物质和代谢活动所必需的,应根据鸽子的需要量予以添加。

2. 鸽子对保健砂的消耗量

一般中型产鸽在产蛋至孵化期,每日需采食保健砂3.5～4.1克/对,至乳鸽出壳前3天,产鸽的采食量明显增加,为4.0～4.8克/对,乳鸽出壳后1周内,平均达到7.5克/对,2周龄为9.6克/对,3周龄为13.0克/对,4周龄为13.2克/对。产鸽带仔时最多每对采食量可达18.1克/对,此时产鸽需将所采食的饲料进行粉碎并喂给仔鸽,同时将部分保健砂在喂料时转喂给乳鸽,保证乳鸽的消化、吸收及营养需要。在整个产鸽期中,当产量高时,产鸽采食保健砂量会大些,产量低时则明显减少,在产量达到1.5只/对时,产鸽所需保健砂量平均每天7.0

克/对，而产量为1.2只/对时，平均为6.2克/对。

鸽场在分配保健砂给饲养员时，可根据此采食量作参考，或根据自身鸽场产量的具体情况做测定，以提供较为准确的数量，减少保健砂的浪费，且有利于了解产鸽采食情况，确保鸽子的健康和正常的生产。同时，了解鸽子对保健砂的采食量，有利于计算出添加剂的投放量，例如，一般每只鸽每天需要维生素A 200单位，以每只产鸽每天采食3克保健砂计算，则在3克保健砂中所含的维生素A应为200单位，配1千克保健砂就必须供给维生素A6.7万IU，添加多种维生素的数量一般每千克保健砂为5千克左右，不同的多种维生素所含的维生素A的量有所不同，可根据产品所标明的含量而定。

3. 保健砂的配制、类型和保存方法

(1)配制

保健砂的配制应选择清洁干净、纯净、新鲜、没有杂质的原料，按配合中的百分比，多次搅拌，充分搅拌均匀后制成不同的类型后就可以使用。特别要强调：生盐和硫酸铜等此类结晶颗粒的原料应先研成粉状或用水溶解后才能拌入保健砂中，否则会采食过量而导致中毒。

(2)类型

目前各地用的保健砂有3种类型

①粉型：按配方比，称取各种原料堆放在一起，充分搅拌均匀后即成。配方中的原料，绝大部分是颗粒较粗和小片(块)状的。其特点是既便于鸽子采食，又省工省时。

②球型：把所有的原料称好搅拌后，料水比按5∶1，即每

5千克的粉状保健砂加入1千克的清水搅拌调和，使所有的粉料都湿透后，接着用手捏成每个重200克左右的圆球，放入室内阴凉2～3天，然后存放于容器中。加水的标准是不稀烂、捏成团和不疏散。一般不便于鸽子采食的粉状料或粉状料占多数，常采用这种配制方法。其缺点是费时、费工，可能加速某些活性物质的破坏。

③湿型：此型就是在配制时，暂不加入食盐，先把其他所有的原料称取拌匀，然后把应加的食盐溶化于水中，再将盐水倒入粉状保健砂中，用铁铲拌匀即可。水的用量是按每100千克粉状保健砂加25千克。采用这种方法的目的是把盐分拌得更均匀。这种配法一般是随配随用，不宜久留，而且要求原料的颗粒粗一些或呈小片状。

(3)保存：保健砂的配制量一般按所养鸽子的多少来估算，以3～5天配一次为好。配得太多，存放太久，会导致某些活性物质在存放期间就失效。配好的保健砂应装入容器盖好，以免老鼠跨爬侵入病原及灰尘和绒毛掺入。

4. 保健砂的投放和使用效果的检查方法

从营养学和鸽子采食行为出发，保健砂一般以2～3天投放一次。使用时应注意以下几方面问题：

(1)保健砂应现配现用，保证新鲜，防止其中的一些物质发生氧化分解或发生不良的化学变化，以免影响功效。

(2)每天应定时、定量供给，多在上午喂料后供给保健砂。每次给的量不宜过多，育雏期的产鸽可多给一点，非育雏期则少给些。通常每对鸽供给10～15克，即一茶匙左右。

(3)每周应彻底清理一次剩余的保健砂,重新更换新的保健砂,以保证质量。

(4)保健砂的配方不是一成不变的,应根据鸽子的生理状态,机体需要及季节等情况有所变化,以适应生产实际的需要。

(5)配好的保健砂,应用保健砂箱装好,放置在让鸽自由啄食的地方,也可经混合均匀后加入适量的水撮成圆团状,然后晾干备用。喂时稍压碎或者是把成团的保健砂放入鸽笼或鸽舍中让鸽子自由啄食。

保健砂的优劣,要经过一段时间的应用后方能判断,不宜随便更改,可以用下列几方面来检查某种保健砂的优劣:

①蛋壳质量的优劣,畸形蛋比率的高低及种蛋孵化的结果。

②食物消化是否正常,有无消化道疾病。

③种鸽的健康,乳鸽的生长发育,以及鸽群的成活率如何。

5. 保健砂配方

配方 1:中砂 30%,红泥 20%,贝壳粉 25%,骨粉 5%,陈石灰 5%～7%,食盐 4%～5%,明矾 0.5%,木炭末 6%～8%,甘草粉 1%～2%,龙胆草 1%～2%,同时在每 50 千克保健砂中加入生长素(微量元素添加剂)500 克,红铁氧 20～40 克,多种维生素(禽用)50～100 克,小苏打 100 克,大黄粉 50 克,酵母 100 克,还经常加入各种中草药粉末,如金银花等。

配方 2:贝壳粉 30%,黄泥 30%,细砂 28%,熟石膏粉 10%,炭粉 1%,食盐 1%。另外每 50 千克加龙胆草粉 25 克,甘草粉 25 克,红铁氧 50克。

配方 3:中粗砂 25%,贝壳粉 35%,黄泥 12%,木炭末

4.5%,陈石灰 8%,骨粉 10%,食盐 4%。红铁氧 0.5%,龙胆草 0.5%,甘草 0.3%,穿心莲 0.2%。

配方 4:贝壳粉 35%,骨粉 16%,石膏 3%,中砂 40%,木炭末 2%,明矾 1%,红氧铁 1%,甘草 1%,龙胆草 1%。

配方 5:贝壳粉 20%,陈石灰 6%,骨粉 5%,黄泥 20%,中砂 40%,木炭末 4.5%,食盐 4%,龙胆草粉 0.3%,甘草粉 0.2%。

配方 6:贝壳粉 15%,陈石灰 5%,陈石膏 5%,骨粉 10%,红泥 20%,粗砂 35%,木炭末 5%,食盐 4%,生长素 1%。

配方 7:贝壳粉 25%,骨粉 8%,陈石灰 5.5%,中粗砂 35%,红泥 15%,木炭末 5%,食盐 4%,红铁氧 1.5%,龙胆草 0.5%,穿心莲 0.3%,甘草 0.3%。

配方 8:贝壳粉 34.5%,骨粉 16%,石膏 35%,木炭末 5%,食盐 4%,红铁氧 1%,生长素 2%,穿心莲 0.5%,龙胆草 0.7%,甘草 0.3%。

配方 9:黄沙 30%,红土 30%,骨粉 8%,贝壳粉 22%,木炭粉 5%,食盐 3%,种禽 1 号 2%。

配方 10:黄泥 30%,细砂 25%,贝壳粉 15%,食盐 5%,陈石膏 5%,陈石灰 5%,木炭末 5%,骨粉 10%。

以上介绍的各种配方,大多是保健砂的基本成分,使用时可根据鸽体的生长发育要求、当地的实际情况适当补充其他添加剂,使保健砂的使用更加完善,为养鸽场增添效益。

保健砂的配方各个鸽场都不尽相同,但其主要配料大致如此。此外,鸽场还应根据鸽群的状态,特别是发病及应激等情况酌情增减一些配料成分。比如,在夏季严重发生鸽痘时,在灭蚊及加强卫生管理时,应在保健砂中添加维生素 A、抗生素等,达到辅助治疗的作用。实行地面平养留种青年鸽,应注意适当添加抗球虫药物,防止球虫病的发生及传播。在天气突变、高温高湿情况下,除了用速补-14 及红霉素饮水外,保健砂中增加多种维生素及维生素 B 族的供给。在鸽群发生食物中毒时,除了根据中毒种类及时解毒外,保健砂中适当增加鱼肝油及甘草粉的供给,使鸽群能逐步解毒而恢复健康。在鸽群发生拉稀时,除了根据拉稀的不同情况用药治疗外,保健砂中增加木碳粉及抗生素的数量(1～2 倍),使鸽群能得到较快的治疗及恢复。

★成功实例

江苏海门某鸽场在肉鸽饲养过程中采用全价配合饲料,其饲料配方为:玉米 40%,大麦 15%,小麦 9%,麸皮 8%,蚕豆 19%,豆饼 10%,麸皮 0.5%,菜籽饼 2.5%,骨粉 2%,添加剂 2%。配方营养成分:代谢能 11.85 兆焦/千克,粗蛋白 16.16%,粗纤维 3.84%,钙 1.06%,磷 0.75%。这种配合颗粒饲料鸽子采食不困难,不挑食,并能采食破碎的小块料,投料前 1～2 天内有部分鸽绝食,二三次饲喂后就能全部进食。在不另加保健砂的情况下,鸽群具体表现为:种鸽采食颗粒料后,乳鸽的毛色、体重发生明显变化。30 日龄乳鸽体重达 517.00 克/只。虽然颗粒料加工成本较高,但能有效地防止肉鸽挑食、偏食,便于调整、改善营养水平,促进乳鸽生长发育,缩短种鸽生产周期,有利于种鸽发挥繁殖潜力,提高经济效益。

四、怎样选择场地与建造鸽舍

(一)鸽场场址选择与规划

1. 场址的选择

在肉鸽生产中,场址的选择是养好肉鸽的重要条件之一,合理地选好场址,建好鸽舍,对提高肉鸽生产性能,减少疾病侵袭,降低成本,提高经济效益均具有重要作用。养鸽场址的选择应注意以下几方面。

(1)地势和地形

鸽舍内终年要保持干燥,要有新鲜的空气和充足的阳光,必须选择地势较高,硬质坡地、排水良好和向阳背风的地方建筑鸽场。防闷热、潮湿,冬暖、夏凉,并能防止蛇、鼠等天敌的侵扰。地形要求平坦和平缓,以正方形为好,不宜选择狭长和带状场地。

(2)水源和水质

鸽子饮水量(尤其在夏天)较多,在气温在28℃以上时,1只成鸽24小时的饮水量为150~250毫升。所以,无论是地面水或地下水,都要保证鸽场充足的水量。水质要求良好,没有病菌和“三废”的污染，最好使用自来水，但在使用饮水免疫的疫苗或预防性饮用药水时，应注意其残留氯对疫苗或药物效力的影响。

(3)电源和交通

鸽场的照明、工作人员生活区、笼养鸽进行人工光照，以及人工孵化和人工育雏都需要较多的用电，所以鸽场建筑要选择电力供应充足的地方。饲料及设备用具的购置，种鸽和商品鸽的购销，都要求有良好的交通。但又要能使鸽场保持安静(因为鸽子胆小易惊)，所以鸽场最好不要建在交通道路旁边，最好离道路 500～1 000 米，甚至更远些。

(4)远离居民点及其他畜禽场

鸽场需要安静，而居民点是极喧闹的地方，加上人们从外地购买来的肉食及珍禽鸟兽的屠宰废物都会威胁鸽群的健康。为了防止畜禽共患疾病的互相传染和给予鸽群安静的生产与生活环境，鸽场建筑应远离居民点及其他畜禽场，鸽场最好设有专用道与村庄和大道相连，以利防疫。

2. 合理布局

在建场时要布局合理，在布局时，既要考虑到养鸽场的生产工艺流程，改善劳动条件，降低劳动强度，又要有利于卫生防疫。一般来说，肉鸽养殖场可分为两大区，即生活区和生产区(图 4-1)。生活区和生产区要绝对分开，一般要求在 50 米以上。这样既有利于鸽子的防疫，又有利于生活区的环境卫生。饲料间要靠近鸽舍，并设于主导风向的上风位。肉鸽饲养区内尽量按生产种鸽、育成鸽(童鸽)、待售鸽划分成各饲养小区，并在远离小区的下风向，相应建有一定数量的病鸽隔离舍。鸽舍与鸽舍

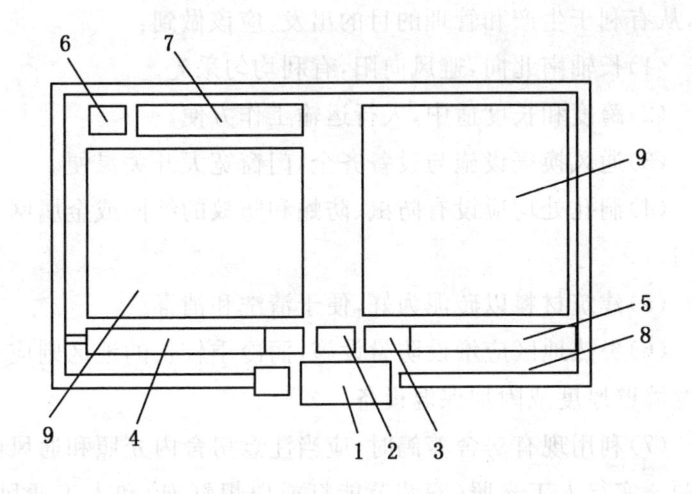

1. 大消毒池 2. 消毒池 3. 消毒室 4. 办公室 5. 仓库
6. 鸽粪处理区 7. 隔离鸽舍 8. 生活区 9. 生产区

图 4-1 肉鸽场布局示意图

之间要相距至少 7 米,这样才有利于防疫、排污和防火。在生产区的进、出口设消毒池和消毒室,每幢鸽舍的进、出口也需建有较小而有效的消毒池,用于生产区工作人员和车辆出、入时消毒。

(二)鸽舍形式与设计

1. 鸽舍的设计原则

鸽舍是鸽生活和生产的地方,设计建造是否合理会直接影响到鸽的健康与生产性能。为造就一个良好的小环境,在鸽舍设计时要考虑到鸽怕湿、怕热、怕蛇、怕鼠和喜光、爱清洁等的特点，从有利于生产和管理的目的出发，应该做到：

(1)长轴南北向，避风向阳，有利均匀采光。

(2)跨度和长度适中，人行运输工作方便。

(3)通风换气设施与设备齐全，门窗宽大开关灵便。

(4)洞孔处均应设有防鼠、防蛇和防蚊的纱网或金属网及活动门。

(5)建筑材料以砖泥为好，便于清洗和消毒。

(6)炎热地区应增设防暑设施，而冷季较长的地区则应考虑增宽墙壁厚度或附加保温设备。

(7)利用现有房舍养鸽时，应当注意房舍内光照和通风两个问题。实行人工光照(安装节能灯或白炽灯泡)和人工通风(安装排气扇等)，以补充这两个方面的不足。

2. 鸽舍形式与设计

(1)鸽舍的种类

①种鸽舍：专门饲养公、母种鸽专用鸽舍，多采用小群离地散养的方式，这样有利于种鸽生产性能的提高，培育出优良的后代。建造鸽舍时，将整幢鸽舍舍内隔成若干小间，每小间为 8～10 平方米，内设固定鸽单笼，可养种鸽 20～40 对。若群养散放，则在舍外设运动场，围以铁丝网，做“飞翔区”，供种鸽运动。

②育成鸽舍：专门饲养 1～5 月龄的青年鸽。舍内隔成若干小间，每间 15 平方米左右，可养鸽 120～150 只。舍内放置群养式巢箱及水、食槽、梯形栖架等。舍外设运动场，围以铁丝围。

③商品鸽舍：是专门饲养生产商品乳鸽的种鸽舍。一般采用多层笼养，不设运动场。采用每对亲鸽单独笼养的形式。

作为庭院养殖时,只建商品鸽舍和育成鸽舍就可以了,将商品群中个体发育良好者留做种用。

(2)鸽舍的大小

鸽舍面积大小要依据其饲养方式来确定,一般可按每平方米饲养 6 只的标准,单间规格最好为 4 米×2.6 米,一单间养产鸽 30～32 对。一幢鸽舍面积以 120 平方米大小较为适宜,适合饲养 300 对产鸽,正好是一个饲养员所能承担的饲养管理的工作量。

(3)鸽舍的形式

①群养式鸽舍:有单列式和双列式两种。单列式的宽 5 米,双列式的宽 10 米,两种形式鸽舍的长度视场地和饲养量而定,通常是 10～30 米不等。檐高 2.5 米左右,舍内用铁丝网或木料隔成若干小间,每间鸽舍前后墙上应开前、后窗,前窗离地面可低一些,窗户面积为 1.2～1.4 平方米,前窗离地 1～1.2 米,以利于夏季的气候风进入舍内;后窗离地面一般为 1.6～1.8 米,以避免冬季北风的侵袭。同时在后墙下离地面 20 厘米左右处,还应开设几个左右启闭的地窗(大小为 40 厘米×60 厘米或 40 厘米×40 厘米),以便在夏季和潮湿的天气通风透气。舍内为水泥地板,稍向前倾斜,方便清洗。每小间设门开向人行道。人行道宽 1 米左右,其两头设门。另外,在每间鸽舍的阳面,还要设运动场,其面积等于鸽舍的 1.5～2 倍。四周的高度为 2.5～2.8 米,可用钢材、圆木或水泥柱和镀锌铅丝网围隔,顶部用尼龙网遮盖。运动场铺上砂子或铺舍水泥地板。种鸽舍内和运动场设有栖板供鸽栖息和交配。青年鸽和童鸽舍内以及运动场均设有梯形栖架,以利于鸽群的卫生和方便饲养员管理。

a. 地面群养式鸽舍:这类鸽舍结构简单,投资少,规模可大可小。鸽舍一般可建成单列式平房。每幢长 12～18 米,宽 5 米,高 2.5 米,而且根据不同饲养目的建成几个小间,每小间 10 平方米左右,则可饲养 50 对左右青年鸽或 20～30 对产鸽。鸽舍内地面可用沙土铺垫。鸽舍前要设供鸽栖息和交配用的栖架。运动场的大小是鸽舍面积的 1.5～2 倍,其四周用砖砌成 50～70 厘米高的围墙,上面用铁丝网或塑料绳网围起,顶上用铁丝网覆盖(图 4-2)。

b. 离地群养鸽舍:这类鸽舍多为单列式,每幢鸽舍一般长 20～30 米,宽 3～5 米,高 3～3.5 米。舍内可分隔成 5～6 小

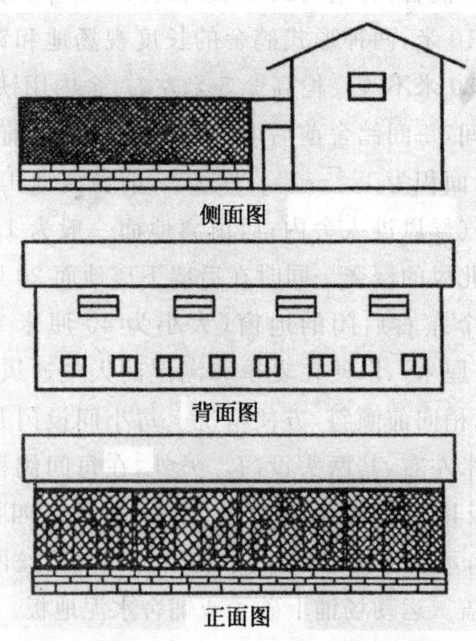

图 4-2　地面群养式鸽舍

间,每小间可养种鸽30对左右。舍内北面留1.5～1.8米过道,南面用铁丝网围住,再在每个栏距地面约50厘米处用铁丝网平铺起来,网眼2厘米×2厘米,既便于种鸽在上面活动,又减少其与地面接触的机会。另外,每个小栏的南面设一道门,供饲养人员进出。每个小栏的北面舍3～4层巢窝,其规格为宽40厘米,长50厘米,高40厘米,每个巢内距底面1.5厘米处设置产蛋盘。

②笼养式鸽舍:所谓笼养就是把已配好对的生产种鸽1对1对的分别关养,让它们分住、分食、分饮。其优点是鸽舍结构简单,造价低廉,管理方便,鸽群安定,鸽舍利用率较高等。这种鸽舍的形式有以下两种。

a. 双列式鸽舍:屋架常采用人字式,北檐高2.5米,南檐高2.8米左右;如用玻璃钢瓦或石棉瓦盖平顶式,应注意加固堵漏,以防龙卷风、台风和暴风的袭击。鸽舍的进深为2.2米,正中央需有0.8～0.9米宽的操作道,四周设有排水沟(图4-3)。鸽笼相向而立,可有3层或4层笼舍,笼外由上到地面采用篷布吊挂为好,冬天可放下篷布保暖,其他季节可卷起篷布达到通风透光的目的。笼的外围和上层为铁丝网,靠操作道的一侧设有木质门或竹木,食槽和保健砂杯挂于笼门上,便于喂食和观察。为方便供水和冲洗,在笼的外侧要安装通长水槽。笼子的宽为60厘米,深为60厘米,高为55厘米,上、中、下3层笼之间不设间隔,最下层的底离地面20～50厘米。每排笼舍的长度如为3层笼舍则一般为20～30米。

b. 单列式鸽舍:单列式与双列式鸽舍的结构基本相似。单列式鸽舍只有向阳的一侧安置鸽笼,阴面用砖砌墙,墙上开几个

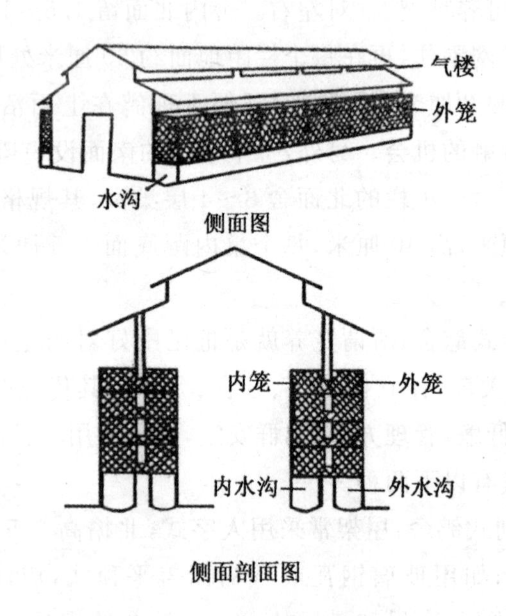

图 4-3　双列式产鸽鸽舍

窗口。单列式鸽舍的优点是坐北朝南，所以阳光充足，通气良好，冬季保暖。其不足之处是单位面积饲养量要比双列式减少一半且占地面积较多。当饲养的肉鸽数量较少时，可利用旧房屋改建，当饲养数量较多时，可建成长 40～50 米，宽 5～7 米的鸽舍，周围的墙可建成开放式，外围挂有活动的防雨、防晒布。

(三)鸽场设备与用具

1. 鸽笼

(1)群养式鸽笼

一般在群养鸽舍内设置柜式鸽笼,又称为巢房柜或群养式巢箱。柜式鸽笼可用竹、木、砖等材料制成。规格多样,要根据房子的面积来考虑其大小长短,一般有四层和三层不等。四层柜式笼共有 16 个小格,每小格高 35 厘米,深 40 厘米,宽 35 厘米,脚高 20～30 厘米,每相邻两个小格之间开一个小门,合在一起为一个小单元。可养一对种鸽(图 4-4)。

(2)笼养种鸽笼

①双列式鸽舍的内外鸽笼:一般用金属网制成。相对应的内外笼两笼之间是以鸽舍的砖墙相隔,墙上开一个洞(高 20 厘米,宽 15 厘米),作为种鸽的出入的通道(图 4-5)。内笼(40 厘米×40 厘米×60 厘米)作为种鸽的采食、产蛋、哺育等用。其正面开设一个小门(宽 20 厘米,高 20 厘米)并设有笼外食槽。笼底网眼大小为 3 厘米×3 厘米,在内笼小门一侧,距笼底 17 厘米处架设一个巢盆。外笼为运动场(高 40 厘米,深 60 厘米,宽 60 厘米),其正面也开一个小门(高 20 厘米,宽 15 厘米),顶层上椽设一条水管,水管底部开若干小孔,便于定期给鸽沐浴。并设有笼外饮水器。内外笼笼底距地面为 20 厘米,内外分别设有排水沟,以便冲洗鸽粪。

②柜式鸽笼:这种鸽笼的规格和摆设应根据房屋的面积来

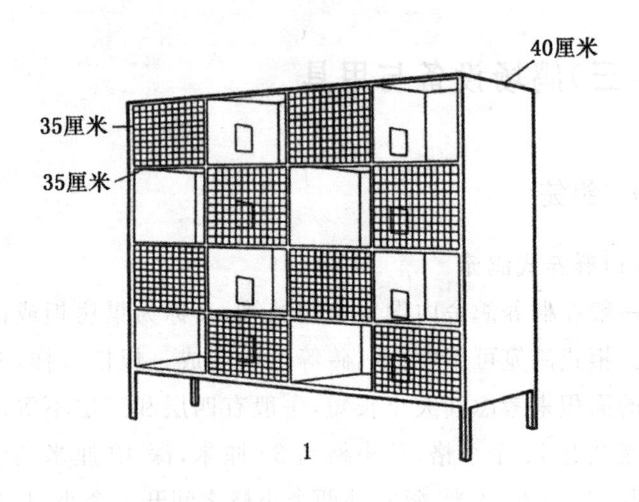

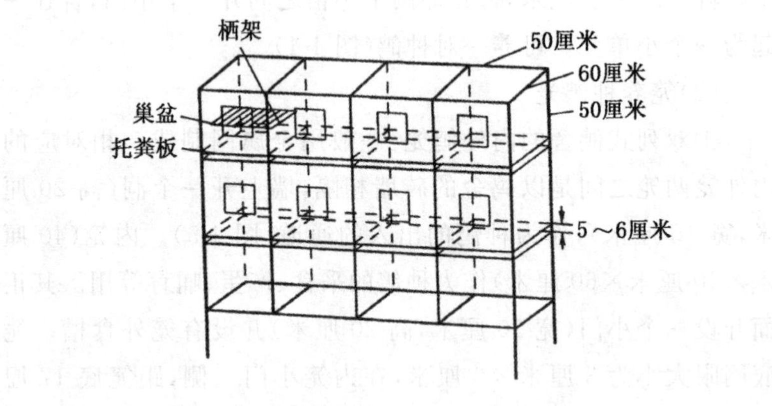

图 4-4　鸽　笼

1. 群养式种鸽笼　2. 三层立体笼

考虑。笼架规格有 4 层养 20 对、16 对和 8 对。3 层养 12 对、9 对和 6 对。鸽笼的规格应根据木材的长度来定。如木材实地

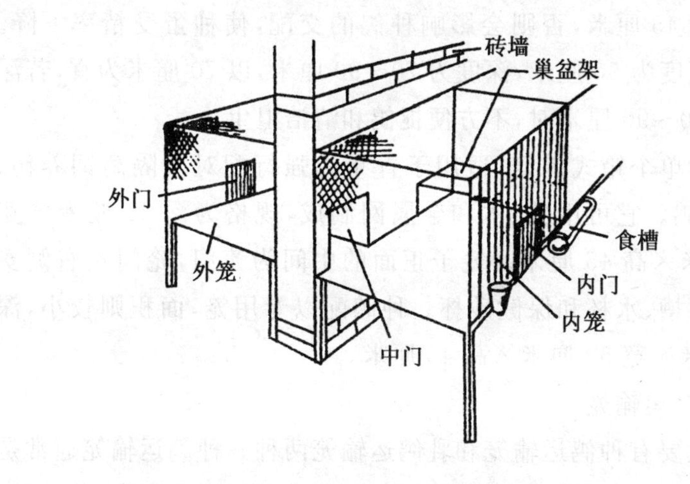

图 4-5 双列式鸽舍的内外鸽笼

坚硬,有足够的长度,采用4层养16对的笼架比较省料;如木材长度不够又要方便搬运时,则采用4层养8对、3层养9对及6对的笼架较好。若制成4层笼,每层笼高45厘米,脚高20厘米,笼架总高200厘米;若为3层笼重叠,每层高45～50厘米,脚高20～30厘米,笼架总高155～180厘米(图4-6)。每层笼的高度

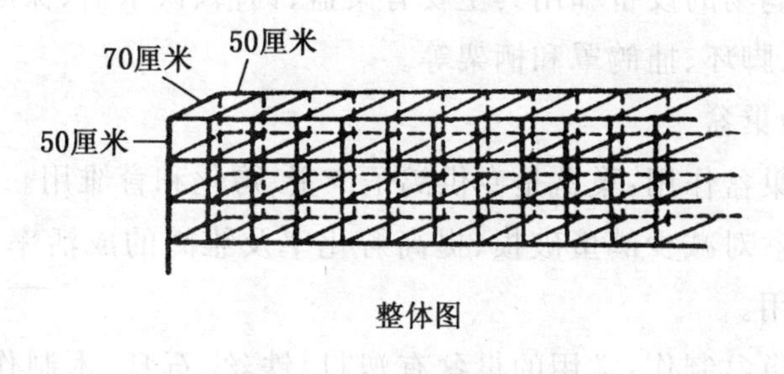

整体图

图 4-6 柜式鸽笼

不低于45厘米，否则会影响种鸽的交配，使种蛋受精率下降。笼的宽度为50厘米，深度为70～90厘米，以70厘米为宜，若深度达80～90厘米时，不方便捉鸽和清洁卫生。

③单个箱式鸽笼：适用于青年鸽强行配对及隔离饲养伤、病、弱鸽。它可用竹、木和金属网制成，规格为深45厘米×宽70厘米×高45厘米。笼子正面的中间为笼门，笼门左右侧安上饲料槽、水杯和保健砂杯。种鸽配以专用笼，面积则较小，深35厘米×宽50厘米×高45厘米。

(3)运输笼

主要有种鸽运输笼和乳鸽运输笼两种。种鸽运输笼通常是四方形塑料笼，其长75厘米，宽54厘米，高26.5厘米，分上下、前后和左右6块，可以灵活拆装。笼门在顶部，其尺寸为26.5厘米×32.5厘米；笼顶、笼底和四周的网眼规格分别为2.8厘米×2.0厘米、1.5厘米×1.5厘米和2.5厘米×5.0厘米。每只笼可装15对种鸽左右，或装30～35只乳鸽。

2. 用具

肉鸽场的设备和用具主要有巢盆、饲槽、饮水器、保健砂杯、水浴盆、脚环、捕鸽罩和栖架等。

(1)巢盆

①巢盆作用：巢盆是专供鸽子产蛋、孵化和育雏用。选用合理的巢盆对减少鸽蛋破损、提高孵化率及雏鸽的成活率均有一定的作用。

②巢盆制作：常用的巢盆有塑料、铁丝、石膏、木制作，或用竹筛、瓦盆制作，还可用稻草或麦秆编制的草巢盆(图4-7)。

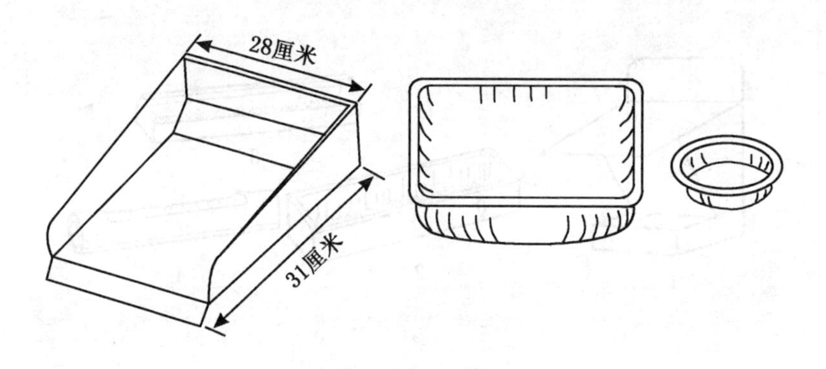

图 4-7 巢 盆

③巢盆要求：塑料巢盆直径为 20～23 厘米，深 7～8 厘米。木巢盆的规格为 20 厘米(长)×20 厘米(宽)×10 厘米(高)。塑料巢盆和铁丝巢盆轻便耐用，透气性好，破蛋少，出雏率和乳鸽成活率高。最好每对鸽配置上、下两具巢盆。上巢盆做产蛋孵化用，可靠放于笼子一侧。下巢盆做育雏用，靠放于笼子底部。巢盆内最好能放上柔软、保暖而吸湿性能好的垫料，如木屑、稻草、塑料海绵泡沫片等。这样既便于清洗消毒、保暖通风，又使鸽蛋不易破损，提高孵化率。

(2)食槽

食槽应以能使鸽子容易啄食、吃得很均匀、浪费饲料少、造价低、操作方便为原则。

①饲槽制作：食槽可用竹木、铁皮、塑料等材料制成(图 4-8)。

②饲槽规格：群养肉鸽的宜用长食槽，放在鸽舍地面上，供鸽集体用。长度一般在 100～150 厘米，上宽 5～7 厘米，边高

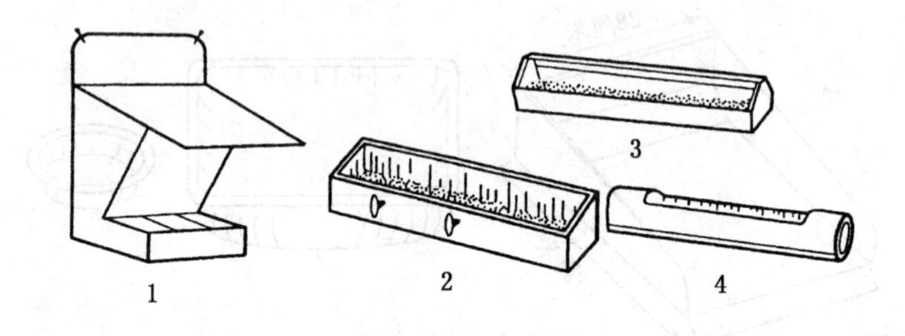

图 4-8　食　槽

1. 自取食槽　2. 锌铁皮食槽　3. 木制食槽　4. 竹制食槽

6～8 厘米。槽的中间钉上一条可活动的竹或圆木条，使鸽子既能采食，又不会进入槽内或在槽上拉粪便，弄脏食槽和饲料。也可采用专门的饲料箱。

笼养种鸽宜用短食槽，每 2 个笼 4 只鸽子共用一条食槽，长 50～60 厘米，钉成三格，两头的小格长 5 厘米，放保健砂；中间格长 40～50 厘米，放饲料。也可短一点，供一对鸽子使用。

(3)饮水器(水槽)

采用铁皮、瓷盆、塑料等材料制成(图4-9)。饮水器的构造应使鸽饮水方便，又必须保持饮水的清洁卫生。其形式多样。

①群养鸽饮水器

a. 塑料饮水器：这种饮水器既能保证鸽持续不断地饮到水，又能使鸽脚踏不进饮水器，其粪便和羽毛不易落入水中。目前，常采用的是塑料饮水器，其规格有几种，如 7 升和 10 升，可根据实际需要来购置。

b. 木、瓦、瓷盘。

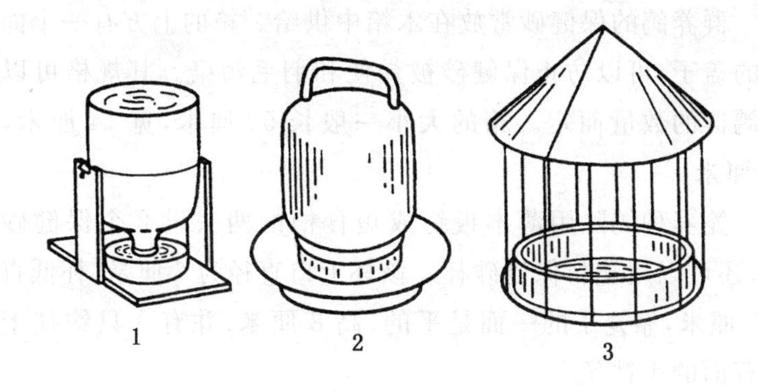

图 4-9 饮水器

1. 瓶罐式 2. 塔式 3. 瓦盆式

c. 倒悬式饮水器和水盘饮水器:任何能装水,鸽子又不能到其中去嬉水,粪便和羽毛不易落入水中,但能饮到水的容器,都可以作为群养鸽的饮水器。

②笼养种鸽饮水器:有杯式、槽式和水管饮水器 3 种。

a. 陶瓷杯:高 8.0 厘米,口直径 8.0 厘米,每对种鸽配 1 个。

b. 塑料杯:高 10 厘米,口直径 6.0 厘米,底部直径为 4.5 厘米,每对种鸽配 1 个。

c. 常用的有槽式饮水器,是一条长形水槽,水槽可用铁皮制成,高约 5 厘米,口宽 6 厘米,底宽 4 厘米,长度与笼舍长度一样。这种水槽大、中型鸽场用的多。单列式、双列式鸽笼均可用,这种水槽也可用直径为 5～7 厘米的塑料管焊接而成。

(4)保健砂杯(箱):保健砂也称为盐土,是鸽生存不可少的饲料添加物。盛放保健砂的容器最好用陶瓷、木材或塑料制品制作,忌用金属制作,因为金属制品容易与保健砂发生化学变化。

群养鸽的保健砂常放在木箱中供给。箱的上方有一个能启闭的盖子,可以防止保健砂被粪便和羽毛污染。其规格可以根据鸽群的数量而定。箱的大小一般长 52 厘米,宽 14 厘米,深 15 厘米。

笼养种鸽除用薄木板钉成短食槽的两头设 2 个保健砂杯外,还可以用塑料保健砂杯。该杯上口直径为 6 厘米,杯低直径 4.5 厘米,靠笼子的一面是平的,高 8 厘米,并有一只钩挂于笼子背面的小铁丝上。

(5)栖架

群养鸽舍内一定要设有栖架(图 4-10),可供鸽子在夜晚、白天和下雨天用。栖架通常安置于鸽舍的墙根或墙壁上及运动场四周,可以平放,也可以斜置。肉用鸽的栖架较灵活,可用竹竿、木条制成架子,这种架子长度为 2.0～4.0 米,宽为 0.4～0.6 米或更宽一些。也可钉成像商店里的格子,中间用木板相隔。其规格为长 1.00 米,宽 0.50～0.60 米,高 0.10～0.15 米。栖架的数量可视鸽群的多少而定,以每只鸽子都有一处栖息为宜。

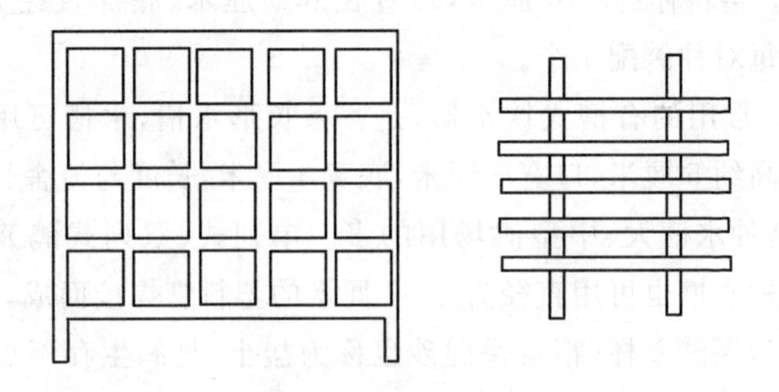

图 4-10　栖架

栖架制作很简单，在 2 根木棍上钉上若干竹竿，每根竹竿相距 20～30 厘米，要求最低的 1 根竹竿离地面 40 厘米，以防潮湿。

(6)水浴盆

水浴盆是供鸽子洗浴之用。可用塑料、陶瓷、铁皮等盆。形状可圆也可方，目前多以塑料或陶瓷盆较适用。盆径 55 厘米，高以 15 厘米为宜。洗浴时，根据鸽群数量的多少，摆设若干洗浴盆于运动场上，以 40～50 只鸽子配 1 个浴盆为好。盆中的水以 6 厘米深为宜。洗浴的次数，冬、春季以每月二三次为宜，夏、秋季以每周三四次为宜。每次洗澡应在晴天的 10～15 时为宜。

(7)捕鸽罩

捕鸽罩又称为捕鸽网。在群鸽调整、种鸽配对、病鸽隔离时需捕鸽用的。一般用尼龙线编织成的，一端密封，另一端开圆形口，并用 10 号或 8 号铅丝制成直径 33 厘米的圈圈，固定在竹竿的一端。

(8)肥育设备设计

用于肥育仔鸽的设备有育肥床、育肥笼、浸料盆、灌喂机等。

①育肥床：育肥笼的设计要求便于饲养操作。笼脚高 60～70 厘米，笼身四边高 30 厘米，宽 60 厘米，长度视鸽舍条件而定，笼中间用纱网、铁丝网或竹片隔开，做成小格，每格 80 厘米，可放养乳鸽 30 只左右。每格不宜太大，否则易造成饲喂操作不便和乳鸽挤压。

②育肥笼：每笼大小为 12.7 厘米×30.4 厘米，只容纳 1～2 只肉鸽，以保证仔鸽在里面不会拥挤，不会互相抓伤皮肤。育肥笼的长度随鸽舍长度而定。多层育肥笼的层数以饲养员的手能

够得着为度，笼的底面是孔眼大小 2.5 厘米左右的金属网，网下装有一金属制成的盛粪盘，鸽粪就从网眼落入盆中。

③肥育器

a. 气筒式肥育器：用塑料消毒喷雾器改装而成，容量小，每次仅喂 1～2 只乳鸽，需 2 人操作，适用于小型鸽场及专业户。

b. 漏斗式灌喂器：用漏斗或吊桶吊于能水平滑行的横杆上，下接长 1 米的胶管，胶管下端用夹子夹住，控制出料，此设备结构简单，容量大，适合于大型鸽场。

c. 脚踏式填喂机：根据鸭、鹅填喂机理改装而成，由防锈材料制成，否则易生锈，影响乳鸽健康。该设备使用方便，易于操作，速度快，喂料准确，适用于大、中、小型鸽场。

d. 注射器注入：用注射器吸入乳鸽料，在其接头上接 1 个胶管，经口腔插入食道，将乳鸽料注入乳鸽嗉囔中。

e. 吸球式灌喂器：根据乳鸽的日龄选择不同规格的吸球，10 日龄的乳鸽用小吸球，11～15 日龄的用中大小的吸球，16 日龄以上的可用大吸球。人工操作时，先用手挤压吸球，排除空气，然后插入配好的乳鸽料中，吸取乳鸽料，再将吸球尖头口插入乳鸽食道，将乳鸽料挤入嗉囔内，每喂 1 只乳鸽吸 1 次料。该方法简便，适用于各种类型鸽场。

五、怎样做好肉鸽日常饲养管理

(一)鸽子对环境条件的要求

环境条件主要包括温度、湿度、通风、空气和光照等方面的因素。虽然鸽子对各种因素有一定耐受力,但是如果超过其承受能力,就要影响其健康和生产。因此,在实际生产中要根据肉鸽不同阶段的特点,提供适宜的环境条件,满足鸽子的生长和繁殖的需要,以充分发挥其生产性能,提高肉鸽生产效益。

1. 肉鸽饲养阶段的划分

肉鸽饲养管理过程中,从小到大虽然是一个连续过程,但是在生长发育过程中其生理特征也有一定阶段,每一个阶段饲养管理技术方法都有较大区别,需要根据肉鸽生长发育特点和生产实际安排,可以人为地将其划分为以下几个阶段。

(1)乳鸽

从出生到30日龄的鸽子称为乳鸽。

(2)童鸽

从30日龄离开亲鸽开始独立生活的幼鸽,童鸽期在1～2

月龄之间。

(3)青年鸽

通常指 2～6 月龄的鸽子,又叫做育成鸽或后备鸽。

(4)种鸽

由青年鸽转入配对后的鸽子称为种鸽。配对进入产蛋和孵育仔鸽的种鸽称为亲鸽或生产鸽(简称产鸽)。依据种鸽在整个生产周期内不同的特点又可以分为以下四个阶段。

①配对期:指公母鸽性成熟后组成 1 对夫妻的这段时间。

②孵化期:配对的鸽子开始产蛋孵化的这段时间。

③哺育期:亲鸽哺喂乳鸽的这段时间。

④换羽期:夏末秋初种鸽一般每天更换羽毛 1 次,但也有部分鸽在春天换羽,或受到突然的应激也会换羽,换羽时间可长达 2 个月,换羽期间,一般都会停产。

2. 肉鸽饲养环境的要求

(1)温度

鸽舍的温度以 27～32℃为宜。鸽子的正常体温为 40.5～42.5℃,由于鸽子没有汗腺,要通过皮肤和呼吸蒸发散热。在适宜的温度下,鸽子的羽毛光亮整齐,精神活泼,食欲旺盛,行动敏捷。温度过高,肉鸽的生产力下降,易患呼吸道疾病,甚至出现中暑现象。温度过低,易使鸽子受凉,引起肺炎与腹泻。受过过冷或过热影响的鸽子,羽毛无光泽,不活泼,很难饲养。在炎热的季节,应注意降温。为了便于给鸽群降温,常在鸽舍旁或运动场前种果树或树林遮阳,或搭棚遮阳,也可在舍内安装排风扇给鸽群降温。炎热天气给鸽子洗浴,也是一种暂时性的降温方式。

寒冷的天气，要注意给鸽群保暖，防止寒风直接吹到鸽子身上，适当加厚巢草给鸽群保暖，保持正常的孵化温度，否则会影响正常的胚胎发育。

(2)湿度

鸽子是广湿性动物，鸽舍内理想的相对湿度以55%～60%为宜。相对湿度对鸽子的生长、发育、代谢和鸽蛋孵化等有直接或间接的影响。鸽子的孵化通常是人为干预下的自然孵化，相对湿度与蛋内水分蒸发直接有关。相对湿度不足时，蛋内水分过多地向外蒸发。相对湿度过高时，会阻碍蛋内水分的正常蒸发。两者都会破坏胚胎正常的物质代谢。出壳时，若湿度不够，雏鸽啄壳困难。湿度过大，还为病原菌和寄生虫卵的生长发育与繁殖提供有利条件。应注意通过调节相对湿度来控制蚊子的活动，从而达到减少鸽病传播的目的。湿度过低时，可采取洒水的方法将湿度提高，或在干燥的天气内多开喷头。湿度过高时，可采用生石灰、干木炭等吸湿，以降低鸽舍湿度。养鸽最忌高温低湿和低温高湿的环境，所以湿度控制上应和温度一道来综合考虑。

(3)通风

良好的通风对鸽舍的降温、控湿、降低有害气体含量起重要作用。若舍内通风不良，缺乏新鲜空气，就会导致有害气体浓度升高，易使幼鸽体质衰弱而患病，胚胎发育不良。所以鸽舍、鸽笼应具有良好的通风条件，特别是炎热和潮湿的季节更是如此。当用木板或竹片钉鸽笼时，板条要尽量窄一些(为1.0～1.5厘米)，若太宽，不利于通风和采光。在寒冷季节特别是在北方，要做好防寒工作，最主要是防止寒风直接吹到鸽子身上，要处理好刚转群的童鸽和人工哺育的乳鸽的通风和保温关系。要做到冬暖、夏凉,干燥清爽,使有害气体降低到最小程度。通风对供给鸽子新鲜空气除去室内恶臭物质是十分重要。鸽舍通风一般采用自然通风,而在无风的傍晚或鸽舍内外气温相近,空气气压高通风不良时,则必须使用通风设备强制通风,向通风不良部位或区域输送新鲜空气,并将污浊空气排出舍外。

(4)光照

光照分自然光照与人工光照,人工养殖肉鸽宜充分利用阳光作用。鸽场应根据季节的不同补充光照,自然光照不足的部分应补充人工光照。光照有如下几方面的作用:

①提高鸽体新陈代谢,增进食欲,增加红细胞和血红蛋白含量。

②促进鸽体内的钙、磷代谢。

③可以杀灭某些病原菌,使鸽舍地板和鸽笼干燥,有助于预防鸽病,冬季能使鸽舍内升温。

但是,应注意太强的阳光会使鸽子显得烦躁不安,人工补充光照时,光照强度应在 5~15 勒克斯。光照不可以随意变动,忽明忽暗;光照强度不可以忽强忽弱。种鸽每天光照应达到 16 小时,可有利于促进产蛋、孵化和乳鸽的生长发育。

(5)舍内的生活环境

①群养密度:群养的种鸽或青年鸽密度不能太大,并且鸽窝要充足,否则会引起鸽子争巢、打斗以至于飞失。一般以 4~5 对/平方米为宜,走道宽度不低于 90 厘米。

②保持安静:鸽舍内一定要保持安静,经常搬动或敲打,灯光时开时停都会使鸽群惊扰和处于极度紧张的状态。鸽子讨厌

红、青色等刺眼的色彩，鸽舍应避免此类颜色，可以控制的人为因素应尽量避免。

③防止有害气体和天敌的侵害：童鸽舍要用铁丝网严围，以防鼠害。冬季寒冷季节，鸽舍内常常通风不良，氨气、二氧化碳等有害气体浓度超标，因此在天气晴好的中午打开向阳窗户通风换气，保持舍内空气新鲜。

④人与鸽的和谐：鸽的记忆力特别强，如果饲养员平时对肉鸽很粗暴，可以使肉鸽产生条件反射，一旦看见饲养员进入鸽舍，肉鸽就会惊慌乱飞，纷纷逃避。因此，饲养人员与鸽要和谐相处，进入鸽舍动作要轻，切不可对鸽子有粗鲁行径。

3. 肉鸽饲养方式

肉鸽养殖没有固定的模式，根据肉鸽抗病力强、适应性好的特点，从有利于饲养管理、疾病防治的要求出发，在水源充足的地方，都可以因地制宜、因陋就简，利用空房、阳台、庭院、屋顶等处建造鸽舍，常见的饲养方式有三种：放飞式散养、封闭式群养、封闭式笼养。

(1)常见的三种饲养方式的比较

①放飞式散养：肉鸽具有很强的记忆力，飞翔数千里仍能准确返回原地，因此可采取放养形式，白天任其自由外出，飞翔觅食，夜晚回舍补饲、休息。放飞式散养的优点是简单易行，成本低，节省饲料，不需添喂保健砂。缺点是活动范围大，周围环境易受粪便等污染。特别是作物播种季节对农田生产有一定影响，易遭毒害。这种饲养方式比较粗放，技术要求低，适合于起步阶段小规模、娱乐性养殖，经济效益不高，一般不宜提倡。

②封闭式群养：肉鸽具有良好的合群性，很少相互争斗，适宜于群养。封闭式群养就是将鸽群封闭在一定的区间，控制其外出。群养鸽舍一般由栖息室和运动场两部分组成。栖息室宜坐北朝南，南面设门窗通向运动场，内设鸽窝，供其栖息和产卵孵化。运动场应用铁丝网或尼龙网架设，以防外逃，内设栖架、食盆(池)、水盆(池)、保健砂池。封闭式群养的优点是饲养密度大，可充分利用鸽舍扩大养殖规模，群养鸽舍每 10 平方米可养鸽 120～150 只。缺点是由于养殖密度较大，个体采食料粒不均衡，易造成营养不平衡；难以控制疾病传播，也难以进行选种、选配工作，适合于有一定饲养经验者进行规模较大的商品鸽养殖。

③封闭式笼养：肉鸽具有"一夫一妻"的配对特性，性成熟后经配对终生不变，所以成年后的亲鸽可采用笼养形式。舍内设置多层并排鸽笼，鸽笼一般用镀锌铁丝网构成，也可用木架结构或砖砌，规格一般为高 50 厘米，宽 60 厘米，深 60～80 厘米。笼内设置食槽、饮水器、洗浴水盆、保健砂、产蛋窝等，供成对亲鸽在笼内自由采食和活动。鸽笼正面可开设一高 20 厘米，宽 15 厘米的小门，以便饲养人员操作。封闭式笼养是饲养肉鸽的最佳方式。但笼具设施投资较大，饲养技术要求较高，适合于大规模工厂化养鸽和优良品种的选育培养。

(2)青年鸽采取群养为好

在鸽子的日常饲养管理中，一般采取小群饲养，按 10～12 平方米的鸽舍饲养青年鸽，以 40～50 只来分群。鸽舍内设栖架以及公用食槽、饮水器，并设有露天运动场，群养既适合鸽子群栖的习性，又能经常运动和照射阳光，有利于青年鸽的生长发育。

(3)生产鸽以笼养为好

各地鸽场经过数年来的实践和科学试验表明,产前笼养明显优于群养,具体表现在以下几个方面:

①节约饲养面积:笼养可以分成3层或4层立体式饲养,这样其单位面积的饲养量就比群养的大大提高,进而节省基础建设投资。

②提高繁殖率:笼内安静,笼养鸽的交配不受其他鸽干扰,不存在争巢打斗现象。这样使蛋的受精率提高,且踩破蛋、踩死乳鸽的现象减少,能安心孵蛋,哺育后代,笼养鸽比群养鸽的成活率提高20%。

③乳鸽增重快:相同品种的乳鸽,笼养鸽的25日龄的上市体重比群养的增加50~80克,其原因是笼养鸽的饲料均匀,又不与其他鸽争食吃,体力消耗也少,能使乳鸽获得比较充足的营养。

④减少鸽病发生:笼养容易保持饲料、饮水、保健砂的清洁。鸽子之间有笼子自然隔离,鸽子之间直接接触机会减少,疾病传播少,即使有病也易发现,并能得到及时隔离诊治,成活率高。

⑤便于管理:笼养鸽便于观察、记录及检查等管理工作。每人可以管理300~700对种鸽,每4~7天清粪1次,省时省工。

(二)肉鸽的日常管理

1. 肉鸽日常饲养管理的原则

日常饲养管理是肉鸽各个饲养阶段都要注意和做到的工作,这是一个十分细致的工作,做得不好会严重影响肉鸽的生产效益。

(1)喂料应坚持少给勤添、定量、定时的原则

喂料方式有每天投足饲料、自由采食和定时分餐饲喂方式。喂料时每次投喂量少一些，每天投喂次数应多一些。实践证明少量多次具有刺激鸽子的食欲，避免抢食适口性好的饲料而剩下差的饲料，减少饲料浪费。激发鸽子运动，增强鸽子的体质，建立良好的采食条件反射等好处，同时有利于建立喂食信号，便于培养亲鸽按时按量灌喂乳鸽的习惯，进而有利于建立人与鸽子之间的亲和关系。鸽每天采食量一般是其自身体重的 1/10 左右，冬季和哺乳期略有增加，这时饲料量应分几次饲喂，一般情况下，产鸽每天给料 3 次，另加 2 次补充，即早上 8 时给料 1 次，中午 11 时补充 1 次，主要是补充哺乳产鸽饲料；到下午 3 时给料 1 次，5 时补充 1 次，晚上 9 时再给料 1 次。青年鸽每天给料 2 次，上午 8 时和下午 3 时各给料 1 次，每次数量不能太多，以平均每只鸽每次 15～20 克为宜。童鸽每天饲喂 4 次。饲喂注意事项：

①笼养鸽在投饲料时，应清除食槽、保健砂槽内的粪便。

②散养棚内幼鸽饲料不要撒在地上，以免饲料污染，带菌、带病。

③饲料必须无霉、无烂、无变质、无污染，保持干燥。

④投饲时，一般每天按肉鸽体重的 1/10 投放，饲料要求品种多样化，适口性好，营养全面，最好饲喂全价颗粒饲料。

⑤投饲前，应经常检查棚内鸽子的健康状况，如有病鸽应及时采取措施。

⑥散养棚投放饲料后，应注意检查弱鸽、发育不良鸽的吃食

情况，并将饲料投到靠近弱鸽附近，或将饲料面投得大一些，或将它们集中一处给以喂养。

⑦更换饲料品种不要突然，应逐渐进行，防止鸽子肠胃不适。

不同生长发育时期鸽子的营养需要水平各不相同，不同饲养期饲料饲喂次数及日采食量不同，具体见表 5-1。

表 5-1　不同生长期鸽子每日饲喂次数及日采食量表

	产鸽		青年鸽			育雏鸽
	育雏	非育雏	2～3 月龄	4～5 月龄	6～7 月龄	乳鸽
餐/天	5	2	3	2	2	3
克/天	75	50	35	35	40	50

(2)供给保健砂应定时、定量

饲喂保健砂不仅要质优量足，而且要科学使用。每天早上喂料后，要检查保健砂槽，其目的有三点：一是将保健砂刨松，使表层和深层进一步混匀；二是补充一定量的新鲜保健砂。供给保健砂应定时、定量。一般每天 9 时供给新配保健砂 1 次，现配现用，保证新鲜；三是鸽在不同的生长阶段，保健砂的需要量亦不同，保健砂要保持湿润，不糊口为度，为确保保健砂的有效成分不被氧化分解，每星期应彻底清理 1 次剩余的保健砂，换给新配的保健砂，保证质量，以防腐败变质。

(3)全天不断供水

肉鸽采食干颗粒饲料，需要有充足的饮水才能消化，鸽的饮水与其他禽类不同，不但次数频繁，而且要求有一定的深度(不低于2厘米)，并且因年龄、生产状况和季节温度而异，一般对鸽子供水是整天不断，让鸽子自由饮用，尤其是炎热季节，更应供给足量的饮水。并且要及时查换被污染了的水槽、水杯，始终保持水质清洁，1只鸽子的日需水量一般为30～70毫升。另外，可根据鸽子的健康状况，供给加药饮水，可采用清洁水、盐水、多种维生素水溶液及高锰酸钾水溶液，隔日轮流使用，以起到杀菌防疾的作用。饮水要新鲜，夏天要清凉，冬天要温水；水具宜天天清洗，脏时应用消毒剂消毒，同时每天早上喂料后应清洗饮水器，并用消毒液消毒。

(4)定时给鸽子洗浴

沙浴和水浴是鸽子的一种习性，其可以使鸽子清洁羽毛，防止寄生虫感染，还可以刺激新陈代谢，促进生长发育。散养鸽可在其运动场上铺上一层干净的河沙或挖一沙坑，供鸽子打滚玩耍，起到沙浴的作用。河沙要保持清洁，经常更换。

水浴则选择晴好天气的中午进行，有运动场的可在运动场上建一浴池，浴池大小一般为1次可容100只鸽子洗浴。浴池长×宽×高为100厘米×100厘米×18厘米，浴池的水为流动水，一边进水，一边排污水，保持吃水清洁，洗浴的次数根据季节和气候决定。炎热的夏季，每天洗浴2次，天气温和时每天1次；冬季每周1次或2次，并且在晴天的中午进行。

笼养鸽水浴较困难，洗浴的次数可少些。有内外笼结构的种鸽，可在外笼的最上端，每两笼的中间上方装一细口淋浴喷头，需要给鸽洗澡时，每天定时打开总开关，鸽子发觉上方有水喷下时，就会跳出来淋浴；属单笼结构的种鸽，可每年2次洗浴，结合药浴进行，即在水中投入一些药物，如用杀灭菊酯以清除体外寄生虫。在药浴前，要让鸽子饮足水，以免误饮药水中毒。多层笼养鸽水浴，简便的是用水管喷洒外笼，每笼不超过10分钟即可。但是正在抱窝和哺育10日龄以内乳鸽的亲鸽不宜洗浴，如无条件时也可不水浴。

(5)做好日常卫生、消毒、防疫工作

乳鸽、童鸽的体质娇嫩，对疾病的抵抗能力差，笼养种鸽由于不能运动而降低了抗病能力。因此，搞好环境卫生是预防疾病的重要措施。

①定期清扫消毒：鸽舍地面、运动场、水沟、鸽笼要天天打扫，保持消洁；水槽、饲料槽除每天清洗外，每周要消毒1次。鸽舍、鸽笼及用具在进鸽前可用福尔马林(甲醛)加高锰酸钾彻底熏蒸消毒；被污染的巢盆垫料应及时洗换，但在孵化育雏期间可少换或不换，以免影响正常的孵化育雏生活；定期灭鼠，夏天定期灭蚊。

②做好防病治病工作：应坚持以预防为主的原则，控制各种疾病的流行。平时的防病工作，应根据本地区及本场的实际，对常见鸽病发生的年龄及流行季节等制定预防措施，发现病鸽及时隔离治疗。新购进的鸽子需要隔离检疫，确认健康后方可并群。同时，应尽量避免外人进入鸽舍，鸽舍出入口可用10%～20%的生石灰水作浅水池，供出入人员消毒。饲养人员的工作服、鞋帽最好专配，要有更衣室，内装紫外灯，家中不得另行饲养鸡、鸭等其他禽类，以免交叉感染。

(6)补充人工光照

光照时间长短与鸽子繁育有密切关系，一定时间的光照可以刺激性激素分泌，促进精子和卵子的成熟。生产鸽每天光照

16～17 小时,能够提高产蛋率、蛋的受精率和仔鸽体重。人工光照可用普通灯泡或日光灯,要求光线柔和不宜过强或过弱,应定时开关灯。

(7)保持鸽舍安静和干燥,保持适宜的饲养环境

一般鸽舍温度保持在 27～32℃,相对湿度为 55%～60%,光照时间为 10～12 小时,种鸽应补充人工光照,保持在 16 小时左右,应做好防暑降温和防寒保暖工作,并注意通风换气。

鸽舍阴暗潮湿,周围环境嘈杂会严重的影响鸽群的正常生活,使鸽子产生应激反应,造成抵抗力下降,诱发某些疾病。因此,应经常疏通舍内外的排水沟,尽量不使地面潮湿,在可预计产生应激反应之前,如春节放鞭炮,防疫接种等,应提前补充多种维生素,尽量避免各种应激因素的发生,为鸽子创造良好的环境条件。

(8)做好鸽群的观察工作

饲养管理人员每天都要观察鸽的精神状态、采食饮水、粪便形态、颜色是否正常等,对异常的鸽子应立即隔离。

①观察采食、饮水情况:正常健康鸽爱采食,每天采食不减少。饮水量因气温等变化而有不同,每只鸽一般在 60～130 毫升之间。如果鸽子突然不采食,或者采食量突然下降、不饮水,表示鸽子有病,或者饲料质量有问题。要及时查找原因,采取相应措施。

②观察粪便:正常鸽子的粪便呈灰色、黄褐色或灰黑色,形状呈条状或螺旋状,粪的末端有白色物附着。不正常的粪便有:灰白色稀粪,绿色稀粪,有恶臭等。

③观察精神状况:鸽子活泼好动,表明鸽舍的温度、空气等

各方面条件适宜,有利于鸽群健康成长。如果发现鸽子不爱动,怕冷,羽毛松乱等,说明鸽舍温度不适宜,或发生了疾病;如果鸽翼尾收缩,眼有疲乏之态,或缩头收颈静卧休息,或用嘴啄全身羽毛,安静自如,这是吃饱的表清;如果鸽嘴巴大张,喉部抖动,气喘,在饮水器旁转来转去,不思采食,这是口渴的举动;如果雄鸽追逐雌鸽,上下点头,颈羽松起,尾羽及翼羽下垂,在雌鸽周围打转,此时未配雌鸽会反复低头或抬头,并展翼拖尾,或蹲下让雄鸽交配,这些是发情的表示;如果不思伙食,精神不振,常蹲伏于鸽舍或笼舍的暗处、角落,眼半开半闭,羽毛蓬松无光泽,有时缩头,垂翼,拖尾,步态缓慢等,这些是生病的症状。要及时检查,如有病鸽要隔离,进行个体治疗。

④听声音:头部高举、鸣叫、追逐,两眼有精神,昂头挺胸展翼,行动步大或互相追闹,这些是鸽子愉快健康的表现。如果发现鸽子有呼噜呼噜的声音,或打喷嚏声,或突然的咳声等,都是不正常的,要及时找出原因。

⑤闻气味:正常健康鸽子是闻不到什么异味的。如果发现恶臭或有其他刺鼻腥气味,应进一步观察,寻找原因。

⑥检查产蛋、孵化、育雏情况:肉鸽生产中一定要坚持查蛋、照蛋,如发现死精蛋、无精蛋要及时剔出,把只剩一个蛋的并做一窝;检查蛋是否踩破、巢盆是否摇动、破损等,对于只有一只乳鸽的及时并窝,以提高种鸽的利用率。

⑦查看是否有天敌危害:如果发现有蛇、黄鼬、鼠等吃蛋、吃雏鸽,必须及时防范。

(9)做好生产记录工作

生产记录对反映生产情况,指导经营管理、做好记录选种留种工作等有很大作用。需登记统计的项目有:种鸽的配对日期和体重;青年鸽的成活率、合格率、病残率和死亡率;亲鸽的产蛋、破蛋数;鸽蛋的受精、无精、死胚数量、孵化出雏、死雏等的日期和数量;每天耗料量;饲养员应每隔15天或30天统计肉鸽生产情况,即可知晓饲养鸽舍内生产鸽群、未产鸽数、带雏鸽数、死亡数、产蛋数等。饲料和保健砂的配方以及防治疾病药物消耗等都需做好详细记录。

2. 各类肉鸽舍工作日程安排

(1)种鸽舍

6:00～7:00(冬天6:30～7:30):刷洗饮水器,添水,添料。

8:30～10:30:查看鸽群,换气,清粪,打扫舍内卫生并定期消毒。

10:30～11:00:给哺乳鸽添水加料。

11:00～11:30:巡视鸽群。

14:30～16:00:添水,加料,刷洗。

16:00～18:00:记录种鸽的产蛋情况,孵化情况。

18:00～19:00:给哺乳鸽加水添料,开灯补充光照。

21:00～22:00:喂料,添水,检查鸽群动态,关灯,听鸽呼吸声音。

(2)童鸽舍

6:00～7:00:刷洗饮水器,添水喂料。

8:30～9:30:查看鸽行态,清理弱、残、死鸽,通风换气。

9:30～10:30:清粪或定期消毒。

10:30～11:30:喂料,添水,打扫卫生。

14:30～16:30:添水,刷洗。

16:00～18:00:喂料,添水,做好记录资料,整理舍内外卫生。

(3)青年鸽舍

6:00～7:00:刷洗饮水器,添水,添料。

8:30～10:30:查看鸽行态,清理弱、残、死鸽,通风换气,清粪,发现有异性鸽及时捉出。

10:30～11:30:喂料,添水,打扫卫生。

14:30～15:30:添水,匀料,刷洗。

15:30～17:00:清粪,检修。

17:00～18:00:喂料,添水,做好记录资料,整理舍内外卫生。

(三)乳鸽的饲养管理

1. 乳鸽的生理特点

(1)乳鸽的生长速度快

乳鸽生长速度很快,饲料转化率高,孵出后 48 小时内体重就增加 1 倍。如杂交王鸽出壳重为 18～20 克,1 周龄时可达到 210 克,2 周龄时可达到 430 克,3 周龄 512 克,4 周龄时 550 克,30 日龄时可达到 560 克,此时,乳鸽在生长脂肪、体重和肌肉等都达到幼鸽阶段的高峰期,是最佳的出栏时间。

(2)采食能力差

刚出壳的乳鸽闭眼,约 24 小时以后才知道饥饿,但不能自已采食，需亲鸽哺育方能成活。3～4 日龄时乳鸽可睁开眼睛，开始长羽毛，学走动。亲鸽哺喂乳鸽每天达十几次之多。待到 15 日龄时羽毛已基本长齐，活动自如。20～25 日龄后，乳鸽已经能够在笼上自由活动，但仍不能啄食，依然靠亲鸽哺喂。28～30 日龄时，乳鸽能够独立生活，应及时脱离亲鸽，好让亲鸽安心孵化或休养生息，准备繁殖。

(3)体温调节机能弱

雏鸽体温调节能力尚未完善，初孵化出壳的雏鸽，体温较成年鸽的体温低 2～3℃，需待绒毛更换，飞羽长满之后体温才接近成鸽的正常值(41.8℃)。此时才能逐渐适应外界气温的变化。所以初生的雏鸽必须依赖亲鸽的体温来保温，而人工育雏时，雏鸽必须进行人工保温，才可免于冻死。

(4)消化机能不健全

刚出壳的雏鸽靠亲鸽吐喂鸽乳获取营养。第 1～2 天的鸽乳呈微黄色，乳汁液与豆浆相似，头 3 天亲鸽不喂任何食物给雏鸽，因为雏鸽只能吸收嗉囊液，所以亲鸽也不呕出硬的谷物。5～7 日龄时，亲鸽所喂的鸽乳较浓稠，并夹杂有经过软化发酵的小颗粒料(豆粒)，以后鸽乳逐渐减少，配合原谷物豆类饲料逐渐增加。10 日龄以后，亲鸽全部给乳鸽吐喂原谷类、豆类颗粒饲料。25 日龄左右，乳鸽开始学啄颗粒饲料，1 月龄时可以断乳独立生活。

(5)乳鸽的适应性和抗病力差

刚出壳的雏鸽身体、体温调节和消化能力都较弱，体温较低，发育不完善，适应性差，因此巢盆要求冬暖夏凉，保持清洁干燥，特别是在乳鸽阶段，巢盆里容易积聚大量粪便，使垫料潮湿发臭或生虫，乳鸽易感染疾病，如脐部毛滴虫往往是由于垫料潮湿而感染。所以，要经常换垫料，保持巢盆干燥、清洁，才能保证乳鸽的健康。

2. 乳鸽的饲养管理

(1)乳鸽的饲养

①合理配合饲料：3 日龄以内的雏鸽，由亲鸽喂给较稀的、不含任何谷物的鸽乳。4～7 日龄的雏鸽，眼睁开，身体逐渐强壮，身上羽毛开始长出，而且日采食量增加，消化力增强，亲鸽则喂给较稠的鸽乳，亲鸽反刍出的鸽乳中就开始混有整粒谷物了，但这些谷物都是小颗粒的，同时喂给次数增加，每天多达十几次。此时应注意提高日粮中豆类含量，同时注意保持鸽巢清洁，以防乳鸽因抵抗力下降而生病。8 日龄以后逐渐转喂原颗粒饲料，亲鸽开始哺喂大颗粒饲料，所以，在雏鸽 3～7 日龄的这段时间内，应注意在亲鸽的食料中添加小颗粒谷物。通常在亲鸽停喂鸽乳和乳鸽吃半乳状膨化饲料及开始觅食这三个阶段，需供给新鲜易消化的小粒全价营养料，如选用小粒玉米、豌豆、赤豆、大米和小麦作为主料。亲鸽吃得好，乳鸽的营养也有保障。8 日龄左右，每天要给亲鸽增喂饲料或在饲料中拌以鱼肝油以有利于乳鸽的消化。每天应给乳鸽增喂保健砂约 400 毫克及酵母片半片至 1 片。10 日龄以后的乳鸽对外界环境的适应性开始增强，达 15 日龄的乳鸽其体重基本接近亲鸽，活动自如，这时亲鸽喂给乳鸽的饲料与其所吃饲料相同，同时多数亲鸽在此时开始产蛋，亲鸽担负起一边哺育一边产蛋的双重任务，因此在亲鸽的日粮中应增加营养。乳鸽 20～25 日龄时，开始学啄颗粒饲

料，但仍需由亲鸽哺喂，有时乳鸽在饥饿时，常用喙触亲鸽讨食，而亲鸽则产生“逐巢”行为，以强迫乳鸽早日独立，所以在管理上要增加蛋白质饲料，满足营养需要，同时还可以在饮水中加入适量的食盐或0.1%小苏打。

一般乳鸽在25天左右上市，此时的料肉比最合算，且肉品质及重量也较适宜。26～28日龄时，乳鸽体重可达到600克左右，可以上市销售。有的乳鸽形体消瘦，皮下脂肪少，肌肉含水量高，肉质较差，可进行一周的人工喂养催肥。采用含淀粉多的玉米、糙米、小麦、黄豆做饲料，加入矿物质、多种维生素和消化酶等配制饲料，而留作种用的乳鸽离开亲鸽后需自己觅食，所摄取的营养物质比亲鸽喂给的少，体重会略有下降，到50日龄后体重才略有恢复，所以留作种用的乳鸽要进行人工培育。

②合理喂给保健砂：质量好的保健砂是养好鸽子的先决条件。保健砂中应含有矿物质、健胃助消化的中草药合多种维生素等物质，以帮助消化和预防疾病，促进鸽子的生长发育。带喂乳鸽的亲鸽每天加保健砂1次，不带喂乳鸽的亲鸽2～4天加保健砂1次即可。加量以当天(以4～6克为准)，并在喂料前后加较好。对瘦弱乳鸽也可单独补喂少许保健砂。

③供给充足的清洁饮水：鸽子缺水比缺料所受的影响还严重。亲鸽饮水不足，导致鸽乳含水分少，容易引起乳鸽消化不良、代谢紊乱等疾病，阻碍了乳鸽的生长发育。水一般可以每天加2～3次，在炎热季节需适当增加。饮水需清洁，水槽应定期清洗消毒，保持干净。每月饮用0.05%浓度的高锰酸钾溶液2次，起到消毒饮水，增加微量元素锰的摄取的作用。

④给乳鸽补喂营养丸：对有条件的养殖场，为预防乳鸽营养

不良并达到快速催肥的目的，可采取给乳鸽补喂营养丸的办法加强营养。

a. 营养丸的制作及注意事项

多种维生素 1 克，禽用生长素 50 克，淡鱼粉（或虾粉）50 克，骨粉 50 克，奶粉 50 克，面粉（木薯粉或玉米粉）250 克，保健砂 100 克，加少量冷开水拌和，制成玉米粒大小的颗粒，晾干装瓶备用。营养丸以现配现用较好，若成批制作，宜在 1 个星期内用完。营养丸应阴凉风干，严禁锅炒或曝晒，宜保存在干燥、避光处。

b. 营养丸的使用方法

对 10 日龄以上的乳鸽，每天早、晚各 1 次，每次灌服 2 粒，每天加喂 1 粒鱼肝油丸，对积食的乳鸽加喂 1 片酵母片，连喂 15 天。若发现乳鸽轻泻立即停喂，并喂给止泻药。

(2)乳鸽的管理

加强乳鸽期的饲养管理是提高市售等级、成活率和出栏率的关键，也是养好其他龄期种鸽的基础，因此要做好以下几方面的工作：

①把好出壳关：鸽蛋孵化至 18～20 天，雏鸽会自行啄破蛋壳，脱壳而出，但也有一些例外，饲养管理人员应根据照蛋记录检查待出壳的鸽蛋，发现到时或超时（2 天），而未出壳的应及时帮助破壳，用前三指捏住雏鸽的嘴巴，轻轻顺势将其头部拉出壳外，然后放回巢中，让其自然脱壳。

②调教亲鸽哺喂乳鸽：雏鸽出壳后 2 小时左右，亲鸽就开始衔住幼鸽的嘴巴给雏鸽吹气，4 小时后开始哺喂嗉囊乳。而有个别亲鸽（尤其是初产种鸽）亲子性较差，需要经过调教才能正

常育雏。如发现出壳后 4～5 小时仍未授乳者，应人工辅助诱导——将仔鸽的喙小心送入亲鸽口中，如此重复多次后，亲鸽就会哺喂。若调教仍然不会哺育者及时查找原因，将乳鸽调出并窝。

③增加投料次数：亲鸽由于要哺育雏鸽，食量会随着哺育期的延长而增加，尤其是在雏鸽达到15日龄之后，除正常每天投料 3 次外，还应在中间补喂 2 次。同时可考虑补充其他营养物质。

④保持乳鸽生长的一致性：同窝的 2 只乳鸽往往由于出生先后，亲鸽哺育顺序不一等造成同窝 2 只乳鸽发育不一致，个体大小悬殊，对此在 6～8 日龄前乳鸽尚不能站立时，掉换乳鸽在窝中的位置(即调换窝位)或人为控制亲鸽哺食次序，让较小者先受哺或将一窝中个体小的乳鸽进行人工哺喂，调好配合饲料，每天补喂 1～2 次，另外在几窝日龄相近的乳鸽中按大小进行调整，大并大，小并小。

⑤适时并窝：养肉鸽要取得好效益，关键在于多出雏鸽。在正常情况下，肉鸽一般每月抱一窝雏，而且每窝只下 2 个蛋，要想让鸽群多出雏，就得并窝鸽子。鸽子也有不同的特性，有的鸽子是“贤妻良母”的，很善于育雏；有的则性情浮躁，育雏不精心。将后一类鸽子的蛋合并到前一类鸽子的窝中，能发挥鸽子的特长，让善育雏的多育雏，不善育雏种鸽“休养生息”，提早产蛋。通常把三窝并做两窝，让每窝成鸽育 3 只雏，腾出一窝成鸽下蛋。并窝要在鸽子下了第一个蛋后立即取走，合并到另一个窝中，并放入一个假蛋。为避免丢了蛋的鸽子不断地找蛋影响下第二窝蛋，可以在产第二个蛋后，将真假蛋一起取走。蛋被取走

后,一般经过十来天,鸽子会再产下一窝蛋。

如果由于某些原因乳鸽死亡,一窝仅剩下一只乳鸽,也应及时与别窝日龄相近的单只乳鸽并窝,这样可使不带仔鸽的种鸽提早产蛋、孵化,有效地提高繁殖力,增加年产乳鸽对数,最好把那些瘦弱而且日龄相对大者并给日龄小的亲鸽带喂。亲鸽吐喂鸽乳随着乳鸽日龄的增加,其质量和数量有所降低,所以一般并给乳鸽日龄较小的亲鸽带喂就可得到较好的营养。另外,适时并窝也可以避免发生因仅剩下一只乳鸽,往往被亲鸽喂得过饱而引起嗉囔积食等消化不良现象。

⑥巧拔鸽羽:乳鸽在2~3周时羽毛生长很快,体能消耗大,营养流失较大,最易造成乳鸽消瘦,这时可将乳鸽主翼羽和尾羽分别拔掉3~5根,可以刺激和增强乳鸽的肌肉生长,拔毛后的乳鸽出栏后一般可增重5%左右。拔羽过程中要注意,力量要轻,不要破坏乳鸽皮肤的完整性,以免降低乳鸽上市等级,同时要做好冬季拔羽乳鸽的保温工作。

⑦保持清洁、干燥的育雏环境:乳鸽整个育雏期是生活在巢盆(鸽巢)中,所以要求巢盆干燥舒适。因为刚出壳非常软弱,体温较低,发育不完善,体温的调节和消化能力都较弱,适应性差而依赖性大。所以,要求巢盆冬暖、夏凉,同时要更换1~2次垫草。否则,巢盘积聚大量的粪便,垫料潮湿发臭及生虫,乳鸽容易感染疾病,甚至死亡。只有做好巢盘垫料的清洁卫生,才能保证乳鸽的健康。

⑧注意防寒保暖,搞好保温通风换气工作:由于哺食量增加,亲鸽开始离巢觅食,缩短了保温时间。10日龄左右乳鸽的羽毛虽已长出,但对外界温度的调节能力差,特别是春季、冬季

要加厚巢盆和巢盆中的垫料。一般来说，舍内温度只要达到15℃以上，且舍内无贼风时，乳鸽在亲鸽取暖下，就能达到所需的育雏温度，在做好育雏早期保暖的同时也要搞好鸽舍的通风换气工作，夏天更要做好防暑降温工作，冬天可在白天温度较高时，将南面的门窗打开通风，有风的情况下切不可打开迎风口的门窗，防止乳鸽受凉，通风的原则是保持舍内的空气清新。

⑨防止消化道疾病：乳鸽哺喂的饲料在两个时间段变化较大，即5日龄左右，由鸽乳转变为半浓稠带颗粒饲料；10日龄左右由半鸽乳饲料转变为颗粒饲料。由于饲料的变化，易发生嗉囊积食，消化不良和咽部发炎等消化道疾病。所以在育雏期应特别注意日粮的质量，对于上述症状防治的方法为，除每天供给亲鸽新鲜充足的保健砂外，也可以在10日龄前后喂酵母片等健胃助消化的药物，也可以在饮水中加入0.1%的土霉素和0.02%的高锰酸钾。

⑩及时离亲，适时上市：乳鸽一般在20～25日龄时就达到了上市体重，此时对于不留种的乳鸽应及时离亲，进行人工肥育出售，而留作种用的乳鸽可留在亲鸽身边，待到28～30日龄时具备独立生活能力时，及时离亲，否则将会影响亲鸽的产蛋和孵化而不利于生产。

⑪做好灭鼠、灭蚊工作：鼠害对鸽的生产影响较大，鼠会干扰亲鸽的产蛋，或直接咬吃鸽蛋，或惊吓亲鸽，使其上下跳动踩死刚出壳的乳鸽。老鼠多时引起群鸽的惊恐，使死胚蛋增多，更甚者是直接咬死乳鸽，造成很大的经济损失。因此，必须定时捕鼠或毒鼠。要搞好鸽舍四周排水沟的清洁工作，铲除蚊蝇繁殖的孳生地。平时定期用敌敌畏喷洒地板、墙壁进行灭蚊，每月

2～3 次。用药时需防止药物进入饲料、水中及鸽体上，引起农药中毒。

⑫及时戴脚环，做好生产记录：乳鸽 7 日龄时体重达到 210 克左右，此时应鉴别雌雄，需要留种用的应戴上脚环，造册登记出生日期、体重及脚环号。1 周龄左右，应及时戴上脚环，这时乳鸽的肢较软，脚环易套入而且不易滑落，若年龄增大则戴脚环会有一定的难度。脚环是鸽的身份证明，它表明肉鸽的出生日期，还可以通过它来区别血缘关系，防止配对时出现近亲繁殖，从而导致鸽种的生产性能低下。

3. 乳鸽的人工育雏

(1)人工育雏的目的

在肉鸽饲养场，人们总是希望提高每对亲鸽年产仔鸽对数，由年产 6 对提高到 8 对，甚至是 10 对以上，而且乳鸽的体重增加也较快，能够提早乳鸽上市日龄，提高鸽场经济效益。但传统的生产管理方法很难达到此目的，而利用鸽蛋的人工孵化技术，对乳鸽进行人工哺育或用保姆鸽代哺，至 6～7 日龄以后再进行人工肥育，就可以大大提高亲鸽的生产性能，增加经济收入。

(2)人工育雏的方式

人工育雏技术分半人工育雏和全人工育雏两种方式。

①半人工育雏是指自然孵化或人工孵化出的雏鸽先由亲鸽或保姆鸽哺育一段时间(一般为 7～10 天)后，再用人工鸽乳或人工饲粮哺育至出窝。这种方式可使种鸽的产蛋周期缩短到 35 天左右(自然孵育的产蛋周期为 45 天左右)，年产蛋量较自然孵育者提高约 37.5%。

②全人工育雏是指从雏鸽出壳就采用人工鸽乳和人工日粮人工哺育至出窝。其中又包括自然孵化＋人工育雏和人工孵化＋人工育雏两种。试验表明，后者的人工孵育效果远好于前者，后者可缩短产蛋周期 10 天左右，1 对肉鸽年产 20 窝种蛋，最高可达 24 窝种蛋，是自然孵育的 4～5 倍。

(3)人工育雏的设备

人工育雏需要育雏笼、灌喂装置、育雏保温设备(保温伞或保温箱)。

①育雏笼：一般用小号钢筋和金属网焊制而成，也可用木质材料制作，一般可制成长 2 米，宽 1 米，高 0.5 米，网眼 1 厘米的长方形镀锌网眼鸽笼，供 8～16 日龄乳鸽人工育雏用。17～26 日龄乳鸽用鸽笼，4～6 只为 1 笼。

②育雏保温箱：供 1～7 日龄乳鸽保温用。

③灌喂装置：将吸球或注射器(去除针头)改作小容量喂鸽器。设置较大容量的桶式喂鸽器，包括吊桶式喂鸽器、脚踏式喂鸽机等(详细介绍见乳鸽人工肥育技术)。

(4)人工育雏的条件

①育雏室：保持清洁卫生，通风良好，保温防虫害，垫料干燥，同时备好育雏巢盆。

②育雏温度：入雏第一天为 38℃，以后每天降低 0.5℃，第一周维持在 35～36℃，第二周保持在 27～34℃，直至降到 20～25℃维持到雏鸽出育雏室为止。

③相对湿度：人工哺育时期，乳鸽育雏舍的相对湿度保持在 62%～68%为宜。

(5)人工育雏的饲粮配制

人工饲粮特别是1～7日龄人工鸽乳的配制是人工育雏成败的关键，也是人工孵化能否得以施行的先决条件。

乳鸽日龄不同，饲料的配方也不同，饲粮要根据乳鸽的日龄、食道、消化情况等选择原料配制。目前暂无公认的好的日粮配方，现推荐以下一种日粮配方仅适用于乳鸽的人工育雏阶段。

乳鸽1～2日龄时，可用新鲜消毒牛奶，加入葡萄糖、复合维生素B溶液、消化酶、新鲜熟蛋黄、脱脂奶粉配制成全稠状的人工鸽乳；

3～4日龄时，可用新鲜消毒牛奶或奶粉加入熟鸡蛋黄、葡萄糖及蛋白质消化酶等配制成稠状的人工鸽乳饲喂；

5～6日龄时，可在稀粥中加入奶粉、葡萄糖、鸡蛋、米粉、多种维生素及消化酶制成半稠状的乳液饲喂；

7～10日龄时，可在稀饭中加入米粉、葡萄糖、奶粉、面粉、豌豆粉及消化酶、酵母片制成半稠状流质乳液饲喂；

11～14日龄时，用米粉、豆粉、葡萄糖、麦片、奶粉及酵母片等混合成流质状料饲喂；

15～20日龄，可采用玉米、高粱、小麦、豌豆、绿豆、蚕豆等磨碎后，加入奶粉及酵母片，配制成半流质饲料饲喂；

21～30日龄，可采用上述原料磨成较大颗粒料，用开水配制成浆糊状饲喂；

30日龄后，可放玉米、高粱、豌豆等原料让鸽子慢慢啄食，经1～3天后，鸽子就会根据自己的采食需要采食饲料。

(6)喂法与喂量

不同日龄的雏鸽应采用不同的方法灌喂，1～7日龄的雏鸽宜用吸球、注射器滴注法，7日龄以后的雏鸽可以采用吊桶式或脚踏式填喂机、灌喂机嗉囊灌喂法。1～7 日龄的雏鸽每天灌喂 4～5 次，每次间隔 3～4 小时，7 日龄以后的雏鸽每天灌喂 3～4 次，每次间隔 4～6 小时，日灌喂量随日龄的增加而增加。

(7)人工育雏注意事项

①选择健康的雏鸽进行人工育雏。

②育雏舍温度要保持基本稳定，温度过高，乳鸽会发生喘气；温度过低，乳鸽发绀，颤抖，最后冻死，特别是 1～7 日龄的乳鸽，最好采用自动控温系统来实现，注意经常观察，不要使温度忽高忽低，以防感冒。育雏舍保持清洁、干燥、通风。

③饲喂时，不要将人工鸽乳弄湿绒毛，防止细菌繁殖或受凉感冒。

④插管时要小心插入食管，以免损伤食道和嗉囊。

⑤把握好鸽乳料配制，喂量应根据鸽的大小灵活掌握，不要喂得过饱，以半饱为度，在下次灌喂时，嗉囊以空虚为宜，每次灌喂多少应有所区别，不要平均分配，一般是早晚多些，中午少些。

⑥哺育人员需经过严格培训。

⑦严格消毒，乳鸽料在人工哺喂过程中，因器具、空气、人等接触，增加饲料的污染，造成病从口入，因此，搞好哺喂环境和乳鸽料的卫生和日常消毒工作十分重要。

⑧以生产商品乳鸽为目的的，可在乳鸽 20 日龄后，开始强制肥育，以达到较高的上市标准(700 克左右)；以生产后备种鸽为目的，可于 25 日龄开始进行诱食，以使其到 28～30 日龄出窝时学会自己采食。

4. 乳鸽的人工肥育技术

(1)人工育肥的目的

一般乳鸽20～25日龄就达到上市体重，但此时乳鸽肌肉含水量高，皮下脂肪少，肉质较差，体重也不够标准。为提高肉质和上市体重，以获得较好的市场售价，对乳鸽出售前5～7天进行强制育肥不失为很好的方法。经过强制育肥后的乳鸽烹调后，肉质香嫩，口感较好。同时在乳鸽育雏后期对其进行人工育肥，可以提早乳鸽上市，增加乳鸽的体重。乳鸽提前离开亲鸽，缩短了生产周期，提高亲鸽繁殖力和年产仔鸽对数，进而提高经济效益。

(2)育肥对象

一般10～25日龄的乳鸽都可以对其进行人工育肥。在我国一般选择15～17日龄，体重在350克以上，体型较大，健壮，肌肉丰满，羽毛光泽，健康无伤残的乳鸽进行人工育肥，而对于体重较小伤残乳鸽不予采用。

(3)肥育环境的要求

对于乳鸽肥育数目在300～400只的小型鸽场或农户可采用平房，普通余房作为肥育室，而对于大型鸽场则可建设专门的育肥室。育肥室周围环境必须保持安静、保温且房舍空气流通，舍内干燥，光线不宜过强，防止兽害的侵入。肥育鸽舍样式与一般鸽舍无异，只是高度适当矮些，窗户少些，同时用窗帘遮光。

(4)肥育饲料的配合

人工肥育的饲料配方，一般采用新鲜玉米、高粱、小麦、豌豆、绿豆、米粉等加入必需的营养成分调制而成。饲料形状分全粉状、全粒状和粉粒混合三种，饲料调制分生浸和煮熟两种。不同形态的饲料各有其优缺点：

粉状日粮易于消化吸收，便于利用饼粕等廉价副产品，从而降低饲料成本。缺点是大都采用水浸法，夏季容易腐败。

全粒状日粮经煮熟后，籽实变软，具备粉状日粮的优点。缺点是费时，耗能。

粉粒混合日粮兼备了粉状日粮和颗粒状日粮的优点。缺点是粉粒混合，操作较烦琐。

理想的是生浸全粒状日粮，为了便于灌喂，一般将蚕豆等大颗粒籽实碾碎成小颗粒后使用，谷类、豆类籽实需在水中浸泡一昼夜后方可使用。

如：刚移入育肥笼的乳鸽喂料，可在米汤和稀饭中加入米粉、葡萄糖、奶粉、面粉、豌豆粉及消化酶、酵母片制成半稠状流质乳液饲喂。11～14 日龄，用稀饭、豆粉、葡萄糖、麦片、奶粉及酵母片等混合成流质状料饲喂。15～24 日龄，用玉米 52%、小麦 3%、高粱 7%、豌豆 15%、绿豆 5%、米粉 5%、鱼粉 4%、贝壳粉 1%、食盐 0.2%粉碎后配成混合料，每次喂时喂料加入开水，充分浸软，自然冷却后加入适量酵母片，以及赖氨酸、复合多种维生素、速扑-14 等微量元素充分搅匀后制成乳状料进行饲喂。

(5)肥育方法

填喂一般在填肥床上进行。将肥育乳鸽送到育肥鸽舍的育肥床上，舍温保持在 20℃左右，每只雏鸽每次填料 50～100 克（料水各一半），每天填喂 2～3 次，每次填料完后要让雏鸽休息。一般多采用移动式吊桶灌喂器和吸球式灌喂器，也可采用简易其他设备（如前面提到的肥育设备）和用手塞喂。填喂方法有机械填喂、漏斗-滴管填喂、手工填喂等。

①机械填喂：主要采用气筒式肥育器和脚踏式填喂机。填喂时，将料和水按1∶1称取拌匀，浸泡软化后，加入盛料筒内，将胶管末端插入乳鸽食道，右脚踩动开关，饲料和水就一齐注入雏鸽嗉囊内，每踩动开关1次就填喂1只雏鸽，每小时可以填喂300～500只。注意填喂时防止损伤乳鸽的口腔和舌头。

②漏斗－滴管填喂：漏斗管长14厘米左右，粗1～1.3厘米，管口钝圆光滑，漏斗可用金属或塑料制作。将饲料粉碎成粉状，用热水拌成浆糊状，冷却后倒入漏斗中，操作时，掰开乳鸽嘴接到滴管的末端，松开滴管头，让糊状饲料流入乳鸽嗉囊内。漏斗管要保持干燥，免得把饲料粘住，如果是使用粉料，粉料不能过细，要粗些重些，以便它们顺利流进嗉囊内，如果使用玉米、豌豆、大豆等大粒籽实做饲料，事先应破碎成高粱粒大小。注意插管时，不能误入气管内。这种方法一个人难以操作，故最好有一个助手帮忙。

③手工填喂：这是较原始的填喂方法，与我国老式鸭的填喂方法相仿，适用于填喂乳鸽数量较少的鸽场。具体操作是，将花生或大豆等大粒籽实煮熟，方便塞喂或将几种粉状料混合在一起加水拌匀搓成花生粒大小的团状，以一手将乳鸽的嘴巴掰开，另一只手将"团子"塞进乳鸽嘴里使其自然吞咽，如梗住食道中，可用手将饲料推入嗉囊内，在塞前可将"团子"沾一些水使其润滑，等到嗉囊有些膨胀时，说明乳鸽已经饱了，可适当再喂些水助其消化。

④注射器注喂：对注射器管嘴的要求基本上如同对漏斗的要求，饲料装在注射器管筒内，用推棒把饲料注入仔鸽素囊内。

(6)乳鸽肥育过程中的注意事项

①用于填肥的乳鸽日龄不能低于15日龄,因此阶段乳鸽消化机能很不完善,且还不能站立,不易喂养。

②刚入育肥场的乳鸽第一餐只能灌喂平时的1/3(即80毫升),因为乳鸽由于饲料更换成稀料,突然更换饲料,不易消化。乳鸽经一个适应过渡期后,即可适应稀料投喂。如乳鸽在灌喂过程中有积食现象,应用清水冲干净后灌喂1%的小苏打或酵母片。第二天再灌乳鸽料。

③鸽舍保持安静、保温、干燥通风,育肥床、饲养的鸽笼不能拥挤,环境保持安静,防止动物干扰,育肥床、鸽笼等要保持干燥、清洁。

④操作人员应熟练,小心谨慎,使用的工具要光滑,防止损伤乳鸽的口腔和舌头,不能将水和饲料误灌入气管中,不宜喂得过饱。

⑤饲养密度合理,提供适宜的温度,一般在20～25℃,要注意防寒保暖,防止贼风。

(四)童鸽的饲养管理

童鸽是指留作种用的、30日龄离开亲鸽开始独立生活的幼鸽。童鸽期在1～2月龄。仔鸽到30日龄以后,一般就会出巢试飞,练习采食,亲鸽也会啄仔鸽以迫使它们自力更生。当童鸽刚刚转移到新鸽舍时,有些对新的环境不适应,情绪不稳定,不思饮食,但饥饿几个小时至十几个小时之后,便会自动采食。童鸽转舍需要15天的时间才能基本适应环境,50日龄左右童鸽开始换羽。

在自然采食情况下，随着日龄的增长，体重逐渐减轻。50～60日龄体重降到最低点，通常比30日龄时减轻100～150克。这一时期是幼鸽生活的转折点，即由亲鸽哺育转为学会自己采食。其饲养管理的条件发生了较大的变化，而由于童鸽本身对外界环境条件的适应能力较差，稍有不慎就会导致鸽的生长发育受阻或患病。因此，对鸽场来说，这一阶段的饲养管理显得尤为重要。

1. 童鸽留种的条件

童鸽的留种主要考虑从优良的种鸽后代中选留。根据留种要求在乳鸽育雏期结束后进行初选，留种的童鸽其双亲的成年体重为：公鸽750克以上，母鸽600～700克；种蛋品质优良，年产乳鸽6对以上；童鸽本身3～4周龄时空腹体重600克以上，生长发育良好，无缺陷，具有本品种特征，入选后的童鸽应套上脚环，做好系谱记录，然后转到童鸽舍饲养。

2. 童鸽的饲养管理

(1)30～50日龄童鸽的饲养管理

①延长3～5天哺乳期：从30日龄的乳鸽到45日龄的童鸽是在亲鸽细心哺喂、照料下生活，并逐步过渡到自己独立生活的阶段，是一个重要的转折点。这个转折点对童鸽来说有一逐步适应的过程，因此，留作种用的乳鸽，尽量在亲鸽身边多留3～5天，使之顺利过渡到童鸽。

②提供良好的培育环境：童鸽由亲鸽笼内哺育转到群居饲

养，由亲鸽照料转到独立生活，生活环境发生了很大的变化，而转群初期童鸽觅食适应能力和抗病力都较差，易患病，必须为童鸽提供良好的培育环境。

a. 合理的饲养方式：在有一定规模的养鸽场，应备有“保育床”，又称为“育雏笼”，它是由铁丝网底的笼子组成，笼底离开地面，比较干燥，转群时应把童鸽以每群 20～30 对放到育种床上饲养 10～15 天，然后再转到铺有铁丝网（竹垫和木棍也可）的网上平养，刚转群的童鸽不宜直接放到地面上，因为童鸽脚胫、胸腹部接触地面易受凉感冒，引起下痢和其他疾病。网上平养还能减少童鸽与粪便的接触，进而减少疾病传播。当然对于条件不够的鸽场或农户为了减少费用，节约资金，也可采用地面平养的方式，但要保证地面干燥、清洁，同时在地面上铺一层柔软的稻草、木屑、麻袋片和塑料布等有益于健康的垫料，切忌潮湿，垫料要及时更换。该阶段的童鸽应注意保暖，特别是在寒冷的季节，“保育床”需放在室内，保持较高的温度，保证有一个温暖和干燥的环境。在炎热的季节，注意舍内通风，保持一个清洁凉爽的环境。

b. 建立保育舍：保育舍的作用就是能保温。使刚离窝的乳鸽能有一个适宜的生活环境，尤其是在冬天，刚离窝的乳鸽需要在保育舍内培育 20 天左右，这是提高童鸽成活率必不可少的有效措施。保育舍不但要求阳光充足、空气新鲜和温暖干燥，而且需要在地面上铺设 13～15 厘米厚的干净锯木屑。

c. 给一定运动空间，注意棚舍保暖：鸽舍的舍外要围一个大于鸽舍面积 2 倍以上的运动场和飞翔空间，内设饲槽、饮水器、保健砂盆，同时设置合适的栖架，使鸽子白天有一定的空间进行飞行而能够活动，晚上有栖息的地方。运动场阳光要充足，舍内冬暖夏凉。雨天要将鸽子赶入舍内，避免鸽子淋湿羽毛引起感冒。若运动场潮湿，不要放鸽子出鸽舍。

d. 合理的饲养密度：童鸽的饲养密度以每平方米 3 对，每群以 20～30 对为宜，若每群饲养数多，则不易观察和掌握鸽群的精神、采食、饮水和粪便等情况，同时给管理也带来了不便。密度过大，鸽子频繁飞翔脱落的羽毛和灰尘进入呼吸系统，容易引起呼吸系统疾病。

e. 合理洗浴：洗浴一般安排在晴天的 10～15 时进行。根据鸽群的数量，用若干个直径 50 厘米，高 15 厘米的塑料水盆盛水，水深 6～7 厘米，摆放在运动场或鸽舍内，让鸽群自由轮流下盘嬉水。一般夏季每天 1 次，冬季每周 1 次。童鸽洗浴时间不宜太长，每次 0.5 小时即可，浴后的污水要及时倒掉，以免童鸽自饮污水，引起疾病。

③喂料需定时、定质、定量：童鸽消化系统的功能尚未完善，消化饲料的能力差，断乳鸽 2～3 天内虽会觅食和吃食，但常常只会将食物啄起又掉下，而且不会把食物吞咽进嗉囊内，因此颗粒大的饲料应先压碎成小颗粒，并浸泡 12～24 小时后再喂给。童鸽的饲喂上，一定要定时、定质、定量，一般每天饲喂 3～4 次，以保证足够的营养和热量来源。饲喂时，最好每只鸽每次加喂钙片或鱼肝油 1 粒，但应视情况而定，发育较好的相应少喂，因为钙质过量易使骨骼、羽毛边脆而易断。可相应的喂些小粒饲料。最好的方法是：在分舍后 2～3 日内每日所喂的饲料一半是小麦，一半是高粱，于第 4 天后开始喂玉米和豌豆，不管用哪一种喂料器具都要保证鸽子同时进行采食。开始几天要多放几个

饲料食槽，因为它们还不习惯站在槽的两边采食，常会互相拥挤和扑打翅膀，故而每只鸽子占的槽位比较大，食槽放少了就会有部分鸽子不能及时吃到和吃饱饲料，最好采用自选食槽敞开饲喂。这一时期日粮配方：豆类饲料占30%，能量饲料占70%，每天喂3～4次，每天每只定量饲喂，根据鸽的大小，每只鸽的采食量为35～40克。

④精心训食、饮水：童鸽初期所用的饲料，在品种、数量和饲喂时间上都应与亲鸽哺乳时期一样，大粒饲料最好磨成小粒。再用清水浸泡晾干后投喂。离巢最初几天，要训练童鸽学习采食，对吃食少的，应人工适当加喂，对吃得过饱的，可适当灌喂复合维生素B或酵母片水溶液。童鸽的饮水中可适当加些食盐或复合维生素B，以促进消化，防止发生积食。天气暖和时，可让它们在运动场活动，晒太阳，时间由短到长，直至任其自由出入运动场。

(2)50日龄以后的饲养管理

①做好饲养过渡：50日龄后的童鸽，开始进入换羽期，第一根主翼羽首先脱落，往后每隔15～20天又换第二根。与此同时，副主翼羽和其他部位的羽毛也先后脱落更新。因此，除做好防寒保暖工作和精心管理外，要注意饲料的质和量以促进其羽毛换新，并在饲料中适当增加一些能量饲料（如玉米、小麦、火麻仁），若使用颗粒饲料，可添加0.5%～1%的植物油，以增加童鸽体内能源，抵御寒冷的侵袭。

②做好疾病防治工作：换羽期童鸽生理变化较大，对外界环境条件的影响较敏感，抗病力较差，易受沙门氏菌、球虫等感染，并常患感冒和咳嗽，环境条件差的鸽场还易感染毛滴虫病和念

珠菌病、鸽新城疫等，在整个饲养期间，50～80日龄的鸽子发病率和死亡率最高，因此在日常饲养管理工作中要做好防治工作，预防措施：在保健砂中可添加穿心莲、龙胆草等中药，饮水中交替添加抗生素、抗菌等药物。对病鸽要及时隔离治疗。

(3)不采食童鸽的特别调理

30～40日龄的童鸽，由于离亲鸽后独立生活，有些不能自食，加上群养杂乱，有些鸽子表现不太适应，所以要加强三查三看，即看动态、看饮食、看粪便；查有无吃到食物，查是否过分拥挤，查是否挨啄受伤。不吃食的鸽有两种情况：一是最初几天可能不会采食或无采食意识，这要给调教或人工饲喂，经过2～3天就会适应；二是对个别不会采食或精神状态不佳的鸽子，由于吃不到饲料和饮水，所以可以用笼子作保护另外饲养。

(五)青年鸽的饲养管理

青年鸽又称为后备种鸽，指从童鸽后至6月龄的鸽子。这是培育种鸽的关键阶段，青年鸽培育得好坏直接影响种鸽的生产性能。这一阶段青年鸽的生长发育有它固定的特点，这时期鸽子的饲养管理应根据青年鸽的特点来进行。

1. 青年鸽的特点

(1)进入稳定的生长发育期，是骨骼发育的主要阶段，生长发育快，此阶段仍要给予适合青年鸽发育所需的饲料营养。

(2)青年鸽的消化系统逐渐发育完善，缓慢适应了坚实的籽实饲料。饲喂的原料上可以逐渐按种鸽繁殖阶段的饲料原料给予。

(3)青年鸽已具备累积脂肪的能力,新陈代谢相对旺盛,采食量增加,饲喂稍有不慎会使青年鸽过肥,这一阶段需要适当限饲。

(4)爱飞好斗,争夺栖架,需要力求让它们尽情运动,多晒太阳,以增强其体质,这一阶段饲养密度不宜过大,饲养方式采用群养,并给予青年鸽足够的活动空间。

(5)逐渐达到性成熟,要防止早熟、早产等现象。同时由于环境和饲养条件的变化,环境应激现象增多,抗应激能力较弱。

总的来说,青年鸽的特点是生长发育平稳而迅速,体成熟和性成熟并存,而且逐步加快,对饲养品质的要求较高。在这一阶段的鸽要完成长骨架、丰满羽毛和增强活动能力,在饲养管理上要求满足鸽对各种营养物质的要求,特别要注意喂保健砂,补给充足的食盐和铁。3~4 月龄时要实行限饲,以防止早熟,影响生产能力。4~5 月龄时要抓紧进行选种配对。

2. 青年鸽的饲养管理

(1)采用离地网养或地面平养方式

青年鸽活泼好动,是鸽子一生中生命力最旺盛阶段,这时就转入离地网养或地面平养的方式,力求让它们多晒太阳,尽情运动,以增强其体质。采用网上平养,可使鸽子的粪便、杂物与活动场地隔离,减少疾病发生率。

(2)提供适宜的环境

青年鸽的饲养密度要合理,每群数量可增加到 100 对,鸽舍采用避风向阳的棚舍,有供青年鸽飞翔活动的空间,并做适当的间隔。鸽舍干燥清洁，有足够的栖架，地面有干燥的垫料，舍内无异味，通风良好，保温设施良好。

（3）适当限饲，防止过肥

青年鸽新陈代谢旺盛，消化能力强，这个时期应适当限制饲喂，防止采食过多和过肥，否则易引起早产，无精蛋多，畸形蛋多等不良现象，导致繁殖力下降。其方法是：喂料时定时、定量，每次不宜喂得过饱，每只鸽每天喂料控制在七成左右，半小时左右吃完，一般为30～35克，每天喂2次。

（4）及时添加保健砂，提供充足饮水

保健砂在鸽子养殖的各个阶段都是必不可少的，保健砂一般放在鸽舍阴凉处，与食槽、水槽放在一起，每天采食量为饲料量的5%～10%，保健砂需湿润，不霉变，5～7天需全部更换1次，青年鸽的饮水必须清洁无污染，青年鸽每天的饮水量为采食量的1.5～4倍，夏、秋季节多，冬、春季节少。

（5）适当洗浴

洗浴是鸽子的习性，洗浴不仅可以保持皮肤和羽毛洁净、光亮，也可减少体外寄生虫的感染，增强体质，增加活动。夏季每周洗浴1～2次，冬天每周1次，一般都在上午10点阳光温暖时进行，浴后需及时倒掉污水。网上平养的青年鸽，利用盆浴的方式洗浴，每15天洗1次。

（6）防止早配、早产

青年鸽在3～5月龄时活动能力及适应能力增强，转入稳定生长期，逐渐转入性成熟阶段，并伴随一定发情，表现出爱飞、好斗现象，这时应将公母分群，防止早熟、早配、争斗、早产等现象而影响正常生长发育和繁殖机能。

(7)调整日粮中能量和蛋白质水平

在饲养日粮上既要满足生长所需的营养，又要防止长得过肥。养至5～6月龄的青年鸽，这个时期生长发育已趋于成熟，主翼羽已脱换七八根，此时应调整日粮，增加豆类蛋白质饲料的喂量，使其成熟比较一致，开产时间也比较整齐，种蛋质量也较好。

(8)驱虫保健

由于青年鸽多是群养，接触地面和粪便的机会多，因此感染体内外寄生虫是不可避免的。为此应进行驱虫，一般在3月龄和6月龄各进行1次驱虫。6月龄配对开始前，对种鸽要进行1次鸽痘、鸽新城疫等免疫接种工作，可在饮水中定期添加维生素B和1‰浓度的高锰酸钾溶液，以及定期喂给大黄苏打片(每次每只1片)起到清理肠道作用。

(9)选优配对

鸽子长到6个月左右，进入性成熟期，此时可进行配对投产。由于青年鸽是群养的，管理相对粗放，会出现残次的个体。因此，在选种配对前，要对全群进行1次优选工作，根据优选结果做好种鸽的配对工作，以达到选优配优的目的。为减少对鸽群的应激和省时省力，在配对前，可同时进行驱虫、选优和配对上笼三项工作。

(六)种鸽的饲养管理

青年鸽长至5～6月龄，这时主翼羽已更换7～8根，便进入性成熟期，一般在更换10根主翼羽就开始配对、繁殖，称为种鸽或繁殖鸽。开始产蛋、孵化、育雏的种鸽称为产鸽。生产鸽在整个生产周期具有不同特点，在科学饲养上要掌握不同特点，采取相应的措施，加强科学管理，使生产鸽充分发挥生产性能。

1. 种鸽的特点

（1）营养要求高

种鸽除生产和生命活动之外，还有产蛋、繁殖后代的任务。对饲料不论量和质的要求都较高，保健砂更不能缺少。种鸽是鸽场消耗饲料最多的鸽种。

（2）配对

种鸽在配对之后就开始营巢、扩巢，经几次交配后即可产蛋，然后担负起孵化和育雏的繁殖职能。

（3）育雏

种鸽有营巢、扩巢以及孵卵和育雏的习性。

（4）鸽乳

公母亲鸽在育雏鸽的前期嗉囊都能分泌鸽乳哺育雏鸽，在雏鸽 4～5 日龄之后，公母鸽开始给雏鸽加喂（反刍）籽实饲料，而且逐渐增加，在雏鸽 10 日龄之后逐渐过渡到给雏鸽全喂籽实饲料，为使乳鸽独立生活做好准备。

2. 种鸽饲养方式

种鸽饲养方式主要有群养和笼养两种。群养又有大群和小群（每群 20 对左右）之分，大群群养由于繁殖率低，导致经济上的亏损而被废弃，小群群养虽然不能完全避免大群群养的缺点，但还是有其明显的优点，特别是在条件不够的小型鸽场和专业户采用较多。而采用笼养方式饲养种鸽具有占地面积少，种鸽繁殖率高，乳鸽增重快，鸽病发生少，便于观察、记录及检查等优点，目前饲养肉鸽场大都采用这种方式。

3. 种鸽配种前的准备

在种鸽进入配对之前要提前进行一系列的准备工作，以便在进入生产期后能顺利生产、孵化、育雏。

(1)公母鸽的选留

配种前应根据品种标准和个体品质情况，制定出留种标准，然后按标准开始进行选留工作。在进行逐只选留后，可根据鸽子的生长情况和品质优劣进行分栏，将体质强、品质优的个体集中饲养到若干个小栏中。选留时应逐只进行，对伤残、弱小的鸽应及时淘汰。

(2)进行群体的预防性保健工作

肉鸽在配对入笼前，应对鸽群整体进行健康检查，应将有病鸽子及时挑出治疗。对未发现临床症状的种鸽，进行群体驱虫处理。

(3)鸽舍、鸽笼及用具的准备

配种前必须对鸽舍进行检修，安装好鸽笼，配齐水槽、食槽、保健砂杯及产蛋巢。进鸽前 1 周对舍内及用具进行全面消毒。同时应准备种鸽用的饲料和药品。

(4)建立鸽子档案

对准备进行生产的种鸽在上笼前要做好记录牌，写上肉鸽品种、品系、血缘关系和配对时间，以便查对和记录。

4. 种鸽的配对

种鸽的配对工作是生产中的一个重要环节，适配种鸽及时配对，对鸽场效益提高尤为重要。配对的方法主要有自然配对和人工配对。

(1)自然配对

自然配对是指让成群的鸽各自找对象，两两配合成对，其优点是方便、不费人工；缺点是易造成近亲交配、早配、早熟，不利于获得优良的后代。自然配对多属于小型散养采用的配对方式。

(2)人工配对

人工配对是指用人工的方法配对，将已经鉴别好雌雄的鸽子一对对关入设有活动隔网的笼中，这样使已经性成熟的鸽子生活在一个笼的两边，很快就能建立起"感情"来，当两鸽相互接近以后，便可将笼的中间隔网取去，两鸽不会发生打斗而配成对。

不论是自由配对还是人工配对的鸽子都要有戴上编号的脚环，脚环编号和巢箱的编号一致，同时做好记录，以便查对，2～3天后，如果出现斗殴打架行为应及时隔离，隔3～4天后配对仍不行的，则重新配对，以免造成不必要的伤亡。

5. 种鸽配对期的饲养管理

(1)观察配对情况

笼养种鸽如果配对恰当，一般2～3天后，配对鸽子就会融洽相处了，如果配对后4～5天出现斗殴打架行为，表明这对鸽子配对不当。配对不当的情况可能是 2 只都是雄性或都是雌性，或者虽是一雌一雄，但不愿相配。如果 2 只都是雌鸽，虽不会打斗，但所产蛋都是无精的，或者相隔很短时间又产另 2 枚蛋。遇到这种情况应细心观察和重新进行鉴别，把公母鸽调配好。配对恰当时，上笼 2～3 天后相处就很融洽，接着就可以配种，配种 1 周左右就开始产蛋。

(2)进行回巢训练

群养种鸽需要进行回巢训练，先把公母鸽关在笼子里 3～5 天，笼内供水放料，每天观察几次，若它们相处融洽，则可以进行回巢训练，每天上、下午喂料时把鸽子放出去活动，到下次喂料前再把鸽子赶回笼内，不会进笼的要注意捉回，如此反复几天，新配对的种鸽就会自动回巢了。

(3)保持环境安静

刚配对的种鸽让其有安静的环境进一步建立起"感情"，应避免周围的干扰，如：猫、蛇、鼠的侵害等。

(4)及时放入巢盘

把配好对的种鸽及时放入巢盘，有利于激发公母鸽的生殖机能，巩固配对及安居鸽笼，因为在自然情况下，配好对的鸽子接着的繁殖行为是积极占据和建鸽巢，准备产蛋。

(5)提高日粮营养水平

配对的鸽子对营养要求较高，饲料代谢能为 17.72～18.64 兆焦/千克，粗蛋白含量为 15%～16%，因此，对接近产蛋的种鸽应及早提高日粮的营养水平，调高豆类的比例，配对后肉鸽日粮中豆类饲料应增加至 25%～30%，每天每只喂料 50～70 克，由于青年鸽前期(3～4 月龄)采用限制饲喂方法，5～6 月龄增加日粮中的蛋白质含量及数量，使青年鸽的成熟配对比较一致，开产较整齐。

(6)恰当使用保健砂

鸽子对各种矿物质元素的需要量至今尚未有精确结果，因此在配合饲料中也难精确添加，但是不同品种，不同生长阶段的鸽子对矿物质元素的需要量不同。各个养鸽场应根据各地实际情况，结合实践，筛选自己的合适配方。生产鸽每天采食保健砂5～9 克，1 年需要 3 千克。保健砂应单独投喂，不应与其他饲料混合使用，每天定时供给，这样既促进食欲，又不会造成浪费。

(7)准备产蛋

饲养员要注意观察种鸽的繁殖动态，当发现公鸽在笼内周围积极寻找杂物、羽毛带入巢盆，而母鸽又较长时间蹲伏于巢中，甚至喂食时也不愿离巢，即为母鸽即将临产的征兆。

初产鸽产蛋、孵化不很规律，若发现有将蛋产在窝外，应随即捡起放到巢盆中。如果产蛋后不孵化或孵化几天后不愿再孵者，宜将蛋并到其他产蛋日期相近的窝中，无须掉换配偶，等其产两三窝后自然就会好起来。

6. 种鸽产蛋期的饲养管理

鸽子在交配的刺激下，卵巢开始排卵，通常每次排卵 2 个，鸽子产卵一般在下午 4～6 时，先产第一枚，俗称为“头蛋”，隔天下午 4 时左右产第二枚卵，俗称为“二蛋”，2 枚卵生出的时间相距约 48 小时。如果要让第二枚蛋按时产出，则第一枚蛋产出后不要拿出，经 48 小时后与第二枚一起取出。如果第一枚产出后马上取出，第二枚会推迟产出或产到窝外。但第一枚比第二枚早 48 小时，孵化出雏鸽必然也比第二枚早好多小时，这样孵出的雏鸽难免一个大一个小，哺育时必定遇到困难，较大的争食能力强，饲料大多数被大的抢去，小的只会越来越弱，因此，在种鸽的“头蛋”产出之后，应用其他做记号的卵偷偷换掉，并在壳上注明它父母的编号、产出时间，等“二蛋”产出，温度变冷后，让亲鸽同时哺育，这样 2 个卵虽然不同时产下，但孵出的雏鸽的出生时间相差最多不过 4 小时，体力相等。若 2 个卵趁热孵化，破壳时壳内的薄膜不易破裂，需要人为帮助出壳，危险性大。另外，取出的“头蛋”切不可振荡或摇晃，需要轻拿轻放。

(1)准备巢窝，保持巢窝稳定、清洁

在产蛋前要安上巢盆和铺好垫料。垫料最好用双层旧麻袋片，麻袋片下面垫谷壳或木屑，使之形似锅底状。麻袋片脏了洗净晒干后能重复使用。用干燥的细砂做垫料，对防止破蛋和清除巢盆中的粪便效果相当好。将烟梗掺杂在垫料中，可以防止鸽子发生体外寄生虫。用稻草做垫料，由于鸽子抓扒，失散在底笼和地面上的很多，使巢中所剩无几，既影响环境卫生，又不能很好的保护种蛋。巢窝应固定在笼内的一角，不要随便移动，保持巢窝清洁卫生、干燥，防止雨淋潮湿，对在巢窝里弄破的蛋或死鸽应及时清除，严防腐臭。

(2)做好防寒、防暑工作

为使亲鸽有一个舒适安静的抱孵环境，以提高繁殖成活率，在炎热季节，应取出垫料，加强通风，降低鸽舍温度；在冬季，应增加巢内垫料，鸽舍应保温良好，同时适当增加能量饲料的供给，而在保健砂中适当供给一些食糖，使种鸽能产生足够的能量。

(3)防止鸽蛋带粪

鸽蛋带粪有两种情况,一是鸽蛋产下来就带粪;二是产下后沾上了巢盆内的粪便,前者是由于母鸽消化系统有问题,排泄系统与生殖系统缺乏良好的控制功能,在体内鸽蛋经过排泄系统时就沾上了鸽粪,这样的鸽蛋应弃之不用,因为鸽蛋表层有极细小的气孔,鸽粪通过这些气孔进入其中,一般情况下雏鸽孵不出,即使孵出也是弱雏,不易成活。这样的母鸽已经感染肠内型沙门氏菌,应立即隔离治疗,而后者是由于种鸽喜站立在巢盆内夜宿,随便拉粪的不良习惯造成,遇此情况,需及时更换巢盆,对已沾上粪便的鸽蛋用湿布轻轻擦去,不可用力擦,否则会破坏蛋壳表面的一层保护膜影响孵化效果,同时需对种鸽进行调教。

(4)防止软壳蛋、薄壳蛋和砂壳蛋的出现

钙是蛋壳形成所必需的物质,也是鸽子赖以维持生命所必需的成分之一,因此鸽子血液中的钙一定要维持相当高的含量。正常鸽蛋呈椭圆形,有气室一端稍大,但无明显的钝端与尖端,鸽蛋的大小因品种不同有较大区别,一般在16～22克,蛋壳白色,很光滑。母鸽产软壳蛋、薄壳蛋大都是红土不足或红土中缺乏钙磷、贝壳粉,这是由于母鸽本身严重缺乏维生素A或维生素D。产砂壳蛋是由于种鸽吃进过多的钙质、嗉囊的砂粒太小。为预防这样的情况发生,在种鸽配种前提供一些新鲜的红土或鱼肝油等,已经产下的不良鸽蛋弃之不用。

(5)饲喂

同一舍中,有带仔种鸽和非带仔种鸽之分,应充分满足不同对象的生理需要和发挥饲料的效应,常给予两种不同的饲料配方,带仔种鸽的日粮结构为:豆科饲料35%～40%,能量饲料

60%～65%，每天喂4次，上、下午各喂2次，尽可能满足乳鸽生长发育快的营养需要，非带仔种鸽的日粮结构为：豆类饲料25%～30%，能量饲料70%～75%，每天喂2次，虽然添料时较麻烦，但可以节省开支，对提高经济效益有实际意义。

7. 种鸽孵化期的饲养管理

一般产鸽配对后10～15天开始产蛋，母鸽每窝产2枚蛋，第一枚蛋下午4～6时产出，约隔48小时，第三天下午3～4时产出第二枚蛋，这时应注意如下几方面的饲养管理：

(1)保证安静的孵化环境

饲养员应在鸽子产蛋前及早给巢盆铺上巢草，保持鸽舍内相对安静的环境，避免大风强直侵入鸽舍，保证孵蛋的种鸽有冬暖夏凉、干燥的良好孵化环境，防止其他动物进入鸽舍惊吓侵扰孵蛋的种鸽。避免老鼠、猫等动物的干扰，以防止影响产鸽孵蛋的情绪，导致不孵蛋或蹬破蛋。

新配对产鸽若在产下2枚蛋后仍不孵蛋时，要在笼外周围遮上黑布，让产鸽安静孵蛋，尽量减少人为干扰，不要轻易捕抓正在孵蛋的鸽子，不要更换巢盆和笼位，不要移动笼架，更不要换笼。

(2)做好防暑、保温工作

鸽蛋的孵化温度受自然温度影响较大。天气寒冷，孵化早期易引起死胚；天气炎热，孵化后期易引起死胚。在南方，夏季要防止烈日的照射，要及时遮挡或种植藤蔓植物遮盖舍顶，降低舍温，有条件的可用风扇降温。夜晚要灭蚊以防蚊虫叮咬。冬季，巢盘要适当增厚垫料和封闭门窗，特别是鸽巢周围要防止贼

风的侵袭。在我国北方寒冷季节,产鸽在室外越冬时要注意如下三个问题:

①饮水器晚间要拿回室内,以防结冰;天气最冷时,白天饮水器结冰也要注意换水,以保证亲鸽正常饮水。通常可采用流水式饮水,可避免饮水结冰。

②产鸽产第1个蛋后要拿回室内,以防冻裂,待产下第2个蛋后,再放入第1个蛋,亲鸽就安心落窝,正常孵化了。

③孵化出的仔鸽在12～13日龄后,鸽体已很大,亲鸽遮盖不住2只乳鸽,晚间要取回1只仔鸽放在室内保温,另1只仍由亲鸽保暖。第2天温度升高后再放入巢中,以防亲鸽终止育雏。

(3)加强营养供给

孵化中的种鸽,由于活动少,孵化过程中其新陈代谢较低,采食量下降,可适当减少饲喂量和饲喂次数,孵化期供给的饲料应注意质量和消化性,每天供给新鲜保健砂,在孵化进入第10天左右时,应提高日粮中蛋白质的水平,并在保健砂中添加健胃药,在饮水中加入抗菌药,以防久卧少动而引起疾病。喂料时要定时、定质、定量,不可忽迟忽早,忽多忽少,以免因此影响正常的孵化秩序。孵化后期适当增加饲喂量或饲喂次数。

(4)防止公母鸽争相孵蛋

经产鸽尤其是老龄鸽,其就巢性强,公母鸽互换孵化失去规律,造成公母鸽争相孵蛋,常常2只鸽重压在一起,由于频繁相互挤压,鸽蛋在孵化1周后,当蛋壳被胚胎吸收变薄之后,就极易被压挤破壳,造成严重损失,因此应采取有效方法及时淘汰老龄鸽子。

(5)取蛋

取蛋时动作要柔和，切忌粗暴，并戴上线手套(以防啄伤)。取蛋时手心向下，手通过鸽的腹部，轻轻托起巢中亲鸽，再将蛋抓起，取出；放回蛋时，同样是手背向上，抓住蛋，托起巢中亲鸽，将蛋放回鸽巢。

(6)定期查蛋、照蛋

孵化过程中应及时照蛋，定期检查孵蛋、受精、胚胎发育情况，及时剔除无精蛋、死胚蛋，对仅有1个蛋的应与孵化日龄相近的蛋并窝继续孵化，使没有孵化任务的产鸽尽早交配产蛋，从而有效地提高种鸽年产仔窝数。

(7)做好助产工作

正常发育的胚胎孵化至18天便啄壳出雏，对少数雏鸽虽已经啄壳，但仍未出壳的，应及时助产，助产时用镊子在雏鸽啄壳部位小心地把气室部分的蛋壳剥掉，至见有湿润的血管为止，再让雏鸽自己破壳出雏。

(8)出雏时的管理

鸽子和高级动物一样是有脐带的。当初雏脱壳而出时，必留脐带与伤口，若不能做妥善的卫生与消毒处理，往往会因巢内的污秽物和不洁垫草上脏物由脐带的伤口处玷染吸入，细菌就在脐带伤口处蔓延繁殖。六七天后，脐带周围开始红肿，这种病严重的影响着幼鸽的健康成长，甚至使幼雏死亡，给生产造成一定的损失。防止这种疾病的有效办法，就是初雏出壳后用碘酒在脐带周围消毒1次。

8. 种鸽育雏期的饲养管理

(1)鸽乳与乳量的分泌规律

①鸽乳:鸽乳是由嗉囊壁内层——黏膜层组织中的生发层细胞,不断分裂增生,厚度渐增,血管分布增多,细胞增大,细胞内的脂类物质不断合成并积聚,接着这些内含丰富营养物质的细胞逐渐变性,解体,在嗉囊内壁上一层层往嗉囊腔中脱落,这种含有大量脂类等营养物质的嗉囊黏膜上皮细胞的脱落物质称为鸽乳,其外观上呈奶酪样、油性、乳白色、颗粒状或小块状。

②乳量变化规律:种鸽在孵化行为的诱导下,嗉囊形成鸽乳,孵化到第 16 天的亲鸽嗉囊内开始见到鸽乳,哺育期的第1～7 天内是产乳高峰期,从哺乳期的第 10 天起鸽乳逐渐减少,到第 25 天基本消失。

(2)种鸽育雏期的饲养管理

鸽子属晚成鸟,雏鸽初出壳不睁眼,软弱,不能独立采食,需要亲鸽哺育至接近 1 月龄才能自己采食,开始独立生活。雏鸽完全依赖种鸽的喂养而发育,因此,对哺育期的种鸽应加强饲养管理。育雏期的种鸽的饲养管理要做好以下几方面的工作:

①提供良好的育雏条件

雏鸽出壳前及早清洁巢盆,更换垫料,哺乳期保持巢盆干燥,保证育雏舍的安静,夏季防暑降温,冬季防寒保暖,保证育雏舍通风良好,空气新鲜,防鼠害等,为种鸽创造良好的饲养条件。同时要补充人工光照,以便于亲鸽采食和哺育乳鸽。

②提供合理日粮,保证充足饮水

育雏期应按育雏期的饲养标准配合亲鸽日粮,每千克日粮含代谢能不低于 12.54 兆焦,粗蛋白质含量不低于 16%,给足饲粮,并随亲鸽食量的增加而逐渐增多,除每天定时饲喂的三餐外,还应中间加喂 2 次,从乳鸽进入 10 日龄以后,可多配些小麦、豌豆、高粱，以利于乳鸽消化吸收。增加保健砂中有关成分，如氨基酸、维生素、钙磷及增食欲、助消化的药物，勤添加、勤搅拌和勤更换保健砂。同时要保证充足的饮水，保证水质清洁、卫生。

③做好再产准备

繁殖力强和青年的种鸽多在育雏期的3～4周龄间又开始产蛋，育雏的主要任务交由公鸽负责，母鸽产蛋同时协助育雏，此时母鸽担负起产蛋和孵育的双重任务，能量消耗大，需增加母鸽的营养水平，否则会影响下一窝鸽蛋的大小及质量，甚至会降低孵化率或孵出弱雏。很多雌鸽在乳鸽达15～20日龄时又重新产蛋孵化。所以，在乳鸽达到15日龄左右时，就把它们从巢盘中移到笼底的垫片上，然后把原巢盘清洗、晒干和消毒后再放回原处。笼底哺育乳鸽，巢盘中产蛋孵化，使产蛋孵化两不误。

④乳鸽及时并窝

若出壳时2只蛋仅孵出1只乳鸽，或者2只幼鸽中途死亡1只，可以把日期相同的蛋及日龄相近的雏鸽两两合并以减少部分亲鸽孵单蛋和喂单鸽，也防止单个雏鸽饲喂过饱，导致消化不良。具体措施见乳鸽饲养管理部分。

9. 种鸽换羽期的饲养管理

种鸽每年夏末秋初换羽1次，有的在春季就换羽，换羽期长达1～2个月，在此期间，除高产的种鸽外，其他普遍停产，也可能有这样的情况出现：即一对种鸽换羽的迟早和快慢不同，换羽早和快的发情早，而换羽慢的要等到换羽后才发情，这段时间不愿交配进而延长了休假期。群养时，发情早的鸽子在鸽群中寻找配偶进而引起鸽群紊乱，为了避免这样的情况发生，常常采用人工强制换羽的方法。

(1)种鸽强制换羽

当群养的鸽群普遍开始换羽时，要采用人工强制换羽的措施。其具体做法是：降低饲料的质量和减少饲喂量。即降低饲料质量（主要是蛋白质的量，比例可以降至10%～20%），不需要过多的玉米、豆类、油脂类的饲料，尽量以大麦或者稻谷、高粱等粗纤维及碳水化合物为主，减少饲喂量，甚至停料2～3天，只供给饮水，即短暂饥饿锻炼的方法，目的是让鸽子体内的代谢快一点，这样可以减轻各器官的负担。使鸽群在较短时间内统一迅速换羽，以促使产鸽缩短换羽时间，待鸽群换羽完后，再逐渐恢复饲喂原来的饲料，增加火麻仁、油菜籽等，保健砂中添加含硫氨基酸，以使羽毛正常生长，迅速恢复体力，促使早日产蛋，对在换羽期内仍保持产蛋和孵育的高产鸽应保质保量地饲喂。

当大量脱掉旧羽时，饲料必须做进一步调整，由于羽毛本身含有80%的粗蛋白，此时鸽子对营养的需求比平时要增加40%～45%，在饲料的要求上除了增加蛋白质、脂肪的比例外，矿物质、维生素同样重要。此时饲料中豆类的含量应达到30%以上，玉米占20%左右，油料种子10%（以油料葵花子较好），而其他谷物占40%。保健砂要经常更换。

(2)调整和充实鸽群

换羽期是重新调整配对鸽的最佳时期。根据生产的原始记录材料，大胆把生产性能差、换羽太早和时间过长，种鸽后代个体小，产蛋少，经常产无精蛋，就巢性差，年出雏数少于10只的种鸽以及伤残的种鸽淘汰掉，并从后备种鸽中选择优良个体给予补充。这是办好鸽场,获得较高效益的重要措施之一。

(3)提供清洁卫生的环境

换羽期的鸽子其抗病能力较弱,任何不利的环境条件都会对换羽造成不良的后果。当鸽舍内饲鸽数过多,密度大时很容易造成体外寄生虫的传播和其他疾病的交叉感染,对换羽不利。种鸽换羽期间,应对一切工具、用具、笼内外、舍内外和场内外进行一次彻底的清洁消毒,给换羽后的种鸽提供一个清洁、干燥、卫生的环境。

(4)种鸽强制换羽期的注意事项

①强制换羽前要对鸽群进行观察,选择体质健壮的种鸽,不能对有病体弱的种鸽进行强制换羽。

②强换前的种鸽要进行驱虫,接种种鸽新城疫疫苗,并对鸽舍消毒,减少致病因素。

③强换措施本身就是强应激,不能投放维生素等营养品。

④在实施强制换的同时,鸽舍应停止或减少光照,无窗鸽舍应减少为 8~10 小时光照。打乱光照制度,有利于换羽,防止鸽群发生互啄。

⑤补充钙质尤为重要,否则会对种鸽的骨骼系统造成永久性伤害。重新开食的饲料最好能加水软化处理,特别夏、秋高温季节时,应及时喂完,以防霉变中毒。

⑥实施强制换羽的肉鸽,会有大量的羽毛和羽翼脱落,每天应及时清扫脱毛和粪便等污物,避免种鸽吞食引起消化不良和噎死现象发生。

10. 不同季节的饲养管理

我国南北方地理位置不同，不同的季节也有不同的变化，养鸽应按照当地当时具体情况做好各个季节的管理工作。

肉鸽最适宜温度为10～25℃，相对湿度为40%～60%，高于38℃容易出现中暑，低于－12℃会引起冻伤。冬季宜在6℃以上，湿度40%左右；夏季宜在28℃以下，湿度为50%～60%。如果冬季温度在6℃以下时要注意做好防寒降温工作。一年四季一般饲养管理要求如下。

(1)春季鸽群的管理(高湿阴雨条件)

①科学搭配饲料：春季是万物苏醒的温暖季节，鸽子的代谢比较旺盛，春季又是产蛋高峰季节，必须保证日粮营养成分完善和充足，注意提高日粮蛋白质水平和维生素、矿物质的供应量，实行少喂多餐。

②通风防病，防潮湿：春季梅雨季节雨水多，湿度较大，舍内氨气浓度较大，而且天气多变，使鸽群处于应激状态，容易出现拉稀、感冒，严重时会引起疫病流行，应做好以下几方面的工作：

a. 注意通风换气，中午或天气暖和时开窗通气，使舍内空气流通，有条件的鸽舍可安装换气扇，促使空气流通。

b. 注意吸湿，每天用新鲜石灰撒地吸湿，勤扫地，运动场垫一层干净砂子。

c. 注意清洁卫生和防疫、防病工作。除平时每天清洁蛋巢、垫料、饲料、饮水、舍内外卫生外，在天气突变时应注意预防性服药。加喂酵母片、土霉素或饮用0.01%高锰酸钾溶液(每周1～2次)，或服用金银花、龙胆草等消炎杀菌的中药，以防疫病流行。

③体内外驱虫：春季容易孳生寄生虫，必须做好体内外驱虫工作。春季饲料容易霉变，要做好防止饲料霉变工作，做到少给勤添，每次加料保证鸽子基本吃完(第一次加料可以少喂些，下次加料时若发现鸽子全部吃完可以适当添加一些，几天下来确定适宜的每次喂料量，以免饲料浪费)。

④保持鸽舍清洁干燥，搞好卫生：注意护理好雏鸽，巢盆垫料要清洁干燥，及时更换。坚持每两天扫栏 1 次，每周大扫 1 次，每月用 5%～20%的石灰乳彻底消毒 1 次。保持鸽舍内外，水槽、食槽、饮水器等饲养工具的清洁卫生。

⑤饲养方式：对出笼雏鸽最好采取离地棚养的方式，防止因地面潮湿而使鸽子感冒，条件不够的可采取地面平养，但地面要铺一层厚的垫料。

(2)夏季鸽群的饲养管理(高温高湿)

在夏季天气炎热，由于鸽群的采食量下降，饲料转化率降低，种鸽正常繁殖所需要的营养常常得不到满足以至种鸽产单蛋的比例增加，严重的独雏率可高达 40%，同时乳鸽的品质也有所下降。因此，要提高乳鸽的产量和质量，保证种鸽每天充足的营养摄取是关键，为此要做好以下几方面的工作：

①改善饲养管理

a. 调节基础日粮：饲料的突然变化对生产性能总有影响，因而生产中要尽可能地减轻这种突变。调整饲料配方时，要在保证原料种类基本不变的情况下适当降低能量饲料，提高蛋白质水平，同时提高日粮中钙、磷的含量，可添加骨粉，增加维生素含量，保证维生素数量和质量。有条件的可以在中午增喂青饲料。肉鸽夏季的饲料配方可用玉米40%，糙米、高粱、小麦各10%，豌豆20%，绿豆10%（非哺雏鸽或青年鸽可增加5%～10%的稻谷，减少5%～10%的豌豆），每周添加1次禽用多种维生素。碳水化合物是鸽子体内热源的主要来源，高温情况下可适当用脂肪代替等量的碳水化合物。

b. 改善饲喂方法：在舍温高于25℃时，每升高1℃鸽子的采食量降低1.7%，即鸽的采食量随着温度的变化而波动，通常在比较凉爽的时候采食量较大，所以在高温天气，趁早、晚凉爽时喂料，中午高温时饮水。保持适宜的饲养密度，在晚上9时左右可加餐。

c. 确保饲料新鲜：夏季高温高湿的环境使饲料极易霉变，种鸽采食了霉变饲料会导致胚胎的早期死亡和乳鸽弱小、易患病，因此要确保种鸽的饲料新鲜。购买原料时，要严把质量关，杜绝霉变原料进场。配料时，忌用已霉变原料配制。成品料不宜久贮，通常以1周内用完为宜，梅雨天不能超过3天。每次喂料不宜过多，要以鸽能1次吃完、吃饱为宜，要坚持少量多次，定时、定量的原则。

d. 调整保健砂的配方：喂料满足高温季节里鸽的额外需要和减轻高温对鸽的危害及预防疾病，夏季配制保健砂时，在保持主要配料基本不变的情况下，适当增加维生素（主要是维生素C、维生素E、维生素B_2、生物素）、微量元素的用量，并添加一些中草药粉（如甘草、龙胆草、金银花）、抗生素、抗球虫药等。另外，保健砂应现配现用，高温、高湿会加剧某些物质的氧化、分解或发生不良的化学反应，从而影响功效。

②防暑降温：肉鸽在闷热季节容易发生中暑，夏季保持鸽舍

适宜的温度和良好通风环境。

a. 屋顶处理:夏季高温时,同在太阳直晒的情况下,白色表面温度只有41.5℃,而黑色可达80℃,因为白色屋顶有70%的热量可变成辐射热放射出去。为了降低舍内温度可用白石灰或白水泥处理屋顶。

b. 屋顶和屋舍地面喷水:屋顶喷水可有效地减少舍内热量增加,一般在高温来临之前(9:00～10:00)进行喷水,并保持湿润。

c. 加强通风:一般要求高温时,舍内的风速要求达到1米/秒以上,这样可使体感温度下降3℃以上。加强舍内通风可采取以下措施:增加鸽舍的通风口和排风扇的数量;夜间通风,如果高温时夜间能下降10～15℃,鸽子对白天高温的耐受性会大大增强。

d. 改善鸽舍外部环境:鸽舍周围栽树种草,树能遮荫,草能吸热,有草皮的地面能吸收80%～90%的热量,只有20%～10%折射出去,而无草处则相反。勤打扫,保持鸽舍周围环境清洁。夏季蚊子多要经常灭蚊,每周1次喷洒灭蚊药。让鸽子经常服用清热解毒的中草药,以防感冒、胃肠病等。避免阳光直射,夏季每周喂给1次浓度1%的食盐水。提高日粮中绿豆比例,可占15%左右,以起到清热解毒作用。夏季应停止孵化,让产鸽休息。

③缓解热应激:每周服用清凉解暑中草药,如金银花、板蓝根、凉茶等,气温高于30℃时每吨饲料中加入0.04%维生素C,运输途中用0.5千克醋精配25千克水喷雾洒身,可缓解热应激。鸽子发生热应激的急救措施:a. 放置通风荫凉处;b. 用水

浸洗特别是头部。

④疾病防治：夏季各种病菌极易繁殖，如忽视预防，很易发病。要坚持"预防为主，防重于治"的原则。具体做法是：每天清洁鸽舍（笼）、饮水器和饲槽1～2次；雏鸽出壳后，每5天应更换巢盆垫料1次，每月用药物消毒2次。药物以10%～20%的石灰乳和3%～5%的来苏儿较安全。并注意消灭蚊蝇和外寄生虫，以减少病原传染媒介。发现异常鸽及时隔离、诊断、治疗。夏季疾病的预防重点是鸽痘、肠炎等消化系统疾病和外寄生虫等。

⑤搞好药浴：肉鸽爱卫生，有洗澡的习惯。洗澡既可保持鸽体清洁，也可驱除体外寄生虫，还有助鸽体散热。一般应选择晴天上午10～11时进行，每周以1～2次为宜，并在水中交替投入0.1%～0.2%的敌百虫和0.1%的高锰酸钾。

(3)秋季鸽群的管理（干燥低湿条件）

①饲喂：秋季光照逐渐缩短，鸽群产蛋减少，多数鸽子开始换羽。在换羽阶段，饲料消耗较少，蛋白质要求数量不多，但要保证蛋白质质量，注意满足赖氨酸、蛋氨酸和胱氨酸的需要量。同时注意满足B族维生素和钙、磷等矿物质的需要。增喂南瓜或加大火麻仁在日粮中的含量，在保健砂中增添石膏，有利于鸽子换羽，缓减应激。

②增加湿度：秋季湿度低，灰尘较多，容易引起呼吸道疾病，可以适当考虑在运动场和鸽舍周围喷水以增加湿度，保持舍内相对湿度为65%左右。

③注意防寒保暖：秋天天气转凉，注意保暖，检查保暖设备和房舍，预备防寒物品。防止贼风的影响和雨淋，下雨前将鸽子

赶回鸽舍。

④增加光照，勤换水：秋季光照时间缩短，昼夜时间延长，要在晚上适当增加人工光照1～2小时，平时管理工作中勤换水，防止饮水污染。

⑤做好疾病防疫工作：秋季也是病菌易传播季节，鸽场要做好疾病防疫接种和驱虫工作，特别是防止呼吸道疾病，注意舍内通风换气，保持舍内空气清新。

⑥做好后备种鸽的准备工作：做好鉴定、选种、调整鸽群，淘汰低产鸽，补充性能优良的后备种鸽。

(4)冬季鸽群的管理(低温寒冷条件)

①提高营养：冬季气温低，消耗能量多，饲料配制上应相对增加能量饲料，如玉米等能量饲料，补充多种维生素饲料，增加饲喂量和饲喂次数，晚上10时左右加喂1次。同时饲料的种类要多样化，营养要全面，既要满足种鸽的营养需求，又要满足雏鸽生长发育的营养要求。一般种鸽的日粮中应含代谢能11.7～13.4兆焦/千克，粗蛋白质15%～17%。饲料配方：玉米45%，豆粕25%，颗粒料、高粱、杂豆类各10%，每50千克饲料中添加禽用多种维生素10～15克，日喂食2～3次，食后让肉鸽自由饮水。要供足矿物质饲料，一般由保健砂提供所需的矿物质。

②做好防寒保暖工作：关好北窗和西窗，用塑料膜封好前后窗，晚上要在窗外挂麻布帘，门上挂防风帘，这样可以提高舍内温度，严防贼风侵袭，防止感冒，注意在天气晴好的中午打开向阳的窗户通风，降低舍内氨气、二氧化碳等有害气体浓度，保证舍内空气清新。在阴雨天或晚上适当开灯补充光照和增加舍内温度。光线不宜太强，一般采用40瓦或60瓦的灯泡就可以。

通常鸽舍内的温度在5℃以上，种鸽可以正常产蛋、孵化、育雏，如果温度低于3℃时应增设取暖设备。北方寒冷地区可以考虑在舍内用火炉烧水，这样既可以增加舍内温度，又可以增加湿度，以确保雏鸽成活率。

③加强管理：坚持打扫鸽舍、鸽笼中的粪便和脱落的羽毛，经常清除巢盘的雏鸽粪，防止雏鸽因粪便污染而生病。保持舍内空气清新，根据天气情况打开门窗通风换气。

④防预疾病：鸽舍及饮食具应定期用5%的来苏儿、3%的高锰酸钾或百毒杀（按说明用）消毒。冬季昼夜温差大，鸽易患感冒，应服用土霉素、扑热息痛，每次各服1/2片、1/4片，雏鸽减半，每日2次，连服3～5天。治疗肉鸽霉形体病应用红霉素0.02%、泰乐菌素0.08%兑水饮用，连用3～5天。发现病鸽应隔离饲养，并及时治疗。

11. 提高肉鸽生产效率的措施

（1）提高产蛋率的措施

①选择生长性能优良的品种和鸽体，及时淘汰低产、伤残、老龄的种鸽。

②给予产鸽适宜的营养水平，饲喂优质保健砂。尤其是育雏后期又快要产蛋的产鸽，要保证充足的蛋白质饲料，日粮中豆类应占30%，晚上加喂1次。供给充足的维生素和矿物质，保证营养需要。

③提供适宜的环境，鸽舍保持清洁干燥，通风良好，光照充足，空气清新。

④发现产软壳蛋、沙壳蛋者，应给予抗生素治疗，同时补充

骨粉等含钙矿物质。

⑤及时照蛋，剔除无精蛋，如果有 1 个蛋受精，则采取并蛋孵化，以促进无蛋可孵的母鸽早日产蛋。

(2)提高受精率的措施

①喂给生产鸽足量的全价料，注意补充维生素 E 和饲喂火麻仁。

②保证适度的运动和充足的光照。笼养鸽的鸽舍建造时要充分考虑采光因素。

③公母鸽配对后，多产无精蛋，但又年轻健康者，表明公母配对不当，重新拆开配对，有可能会提高受精率。

④一般人为用新母鸽配比初产母鸽大半岁或 1 岁的公鸽可以提高受精率。

⑤若是由于公鸽性欲不强而导致母鸽产无精蛋，可以给公鸽注射丙酸睾丸酮，肌内注射，1 次注射 5 毫克，隔 2～3 天再注射 1 次。

⑥生产鸽一般采取笼养的饲养方式，若群养也应采取小群饲养，在每对生产鸽的巢房门前设跳板，便于交配。这样才能减少交配受其他公鸽的冲击与干扰。

⑦及时淘汰老龄鸽和劣质公母鸽。一般 2～3 岁是鸽子的繁殖高峰期，4 岁后开始淘汰。

(3)提高孵化率的措施

①提供适宜的孵化条件，保证适宜温度、湿度、通风条件，有条件的采取人工孵化。

②按时照蛋和并蛋，孵化至 4～5 天和第 10～12 天进行第一次和第二次照蛋，剔出无精蛋、死胚蛋、死精蛋。把日龄相近

的单个蛋进行并蛋并窝。

③做好日常管理工作，尽量减少破蛋。造成破蛋的原因很多，如蛋巢底不平，亲鸽踩坏，饲养员操作不细心，保健砂营养价值不平衡等，针对不同的情况应具体分析，采取相应措施解决问题。

④供给生产鸽营养价值比较全面的饲料，补充维生素、钙、磷等微量元素。防止饲料、保健砂配合上的单一化。

⑤提供安静的孵化环境，防止邻鸽及各种因素的干扰。冬天注意防寒保暖，防止贼风。必要时在孵化期鸽子的孵化笼周围围上黑布，让鸽子安心孵化。

⑥保持蛋巢清洁卫生，小心清除被粪便污染的鸽蛋。

⑦对于18天时，已经破壳但不能孵出的弱胚或弱雏，应加以人工助产，帮助出壳。

(4)提高雏鸽成活率的措施

①初生雏鸽体质较弱，抗病力差，对外界应激较敏感。因此，要为雏鸽提供良好的生长环境。炎热盛夏，注意保持鸽舍通风散热，以免中暑；寒冷季节要注意鸽舍防风保暖，以免受凉生病。

②育雏的巢盆、垫料必须保持干燥且每天要清除粪便及时灭蚊、灭鼠。

③8～24日龄的乳鸽，生长发育最快，在此阶段必需保证饲料质量，减少壳谷类料，增加绿豆、豌豆、小麦，并整天供应饲料、保健砂和清洁的饮水，晚上增喂1次。

④采取“预防为主，防治结合”的方针，着重做好平时的防治工作。每天观察鸽群发现异常的及时隔离治疗。经常消毒环境及饲养工具。

★成功实例

大连普兰店市一农民投资 6 万元办起肉鸽养殖场，饲养美国银王、白羽王鸽等优良品种，6 年肉鸽饲养量达 2 万余只，出售种鸽、商品鸽 1.8 万只，共获利 10 万余元。她的肉鸽饲养管理经验如下：

1. 科学的饲养管理

(1)生产鸽的养殖

生产鸽管理主要是对亲鸽孵化和育雏加强管理。亲鸽每次产蛋 2 只，每个生产周期为 40 天，每月可产 6 只蛋(3 次)。种蛋在 5 天左右人工照蛋，淘汰无精蛋，13 天左右重复照蛋 1 次。利用电灯增加光照是提高种鸽产蛋的有效措施。

(2)乳鸽的日常管理

乳鸽由公母鸽轮流哺喂，开始是浆液状料，7 天后吐喂浆粒混合料，以后逐渐转变为全颗粒饲料。如发现乳鸽一大一小，可能消化不良，应填喂黄豆大小的保健砂 3 粒和酵母片半片，对腹泻拉稀的乳鸽每只填喂半片土霉素和 1 粒敌菌净。定时通风排气同时要预防感冒。

(3)青年鸽的饲养

配对前种鸽为青年鸽，每天投喂 2 次，每次投量以半小时内吃净为宜。由于此时正处于换羽期，饲料营养价值方面应加强营养，除在饲料中加入足够的蛋白质之外，还应定期添加各种维生素。配对前必须驱虫 1 次。

2. 配制好保健砂

保健砂在肉鸽生产中至为重要。它所含的成分能补充在饲料中不能摄取到的营养和微量元素，并且非常有利于鸽子消化。其配方比例为：中沙 25%，贝壳片（0.8 厘米以下）20%，熟石膏 5%，食盐 3%，木炭 5%，微量元素添加剂 7%，骨粉（炒熟）15%，黄土 5%，龙胆草 1%，甘草 1%，增蛋精 1%，啄羽灵 1%，多种维生素 0.5%，氧化铁红 0.5%。

3. 抓好防疫治病工作

肉鸽生产过程中，肉鸽易感染副伤寒和副粘病毒两种病：

(1)副伤寒

①预防：气候环境变化，饮水中添加青霉素和链霉素，剂量 80 万单位，注射用青霉素、链霉素各 3 支，混入 15 千克水中，连用 3 天。

②治疗：磺胺二甲嘧啶加等量碳酸氢钠的混合剂，按 0.04%剂量混合于饲料中，连喂 3 天。

(2)副粘病毒

①预防：每年接种副粘病毒疫苗 2 次。具体做法：先用鸡新城疫四系弱毒疫苗饮水，再按每只鸽注射 1 毫升油乳剂灭活苗。有条件的专用副粘病毒疫苗更佳。

②治疗：除接种抗体之外，还应深埋死鸽，每天消毒 1 次，灭绝病源。

六、家庭肉鸽养殖场疾病防治要点

（一）鸽病的综合防疫措施

在肉鸽饲养过程中，鸽病的预防工作是不可忽视的重要环节。由于鸽子属晚成鸟，在饲养管理条件良好时，与其他家禽相比，对疾病的抵抗力较强，导致毁灭性传染病的威胁较其他家禽要小。但是，肉鸽在长期笼养条件下，活动量少，体质下降，对环境的适应性降低，一旦受到不良环境因素的影响，也极易感染各种疾病。因此，在家庭肉鸽养殖中应坚持养防结合，预防为主，防重于治的原则，做好日常饲养管理、防疫注射、检疫，坚持“自繁自养”，保持鸽舍和鸽体的清洁卫生、病鸽的隔离治疗以及病死鸽的处理等综合防疫措施，防止疾病的发生。具体来说，养殖场和养殖户应根据自身条件，因地制宜地建立一套控制和消灭传染病的综合防疫制度。

1. 加强饲养管理，增强机体抗病力

肉鸽是否发病与机体的天然抗病能力有着密切的关系。凡是饲养管理良好、体质健壮的肉鸽，对病原微生物的侵袭都有较

强的抗病能力，往往发病率较低。如肉鸽的日常饲养管理不良，致使肉鸽的体质瘦弱或体况不佳时，则其抗病能力就会相应减弱，发病率就较高。

养殖场和养殖户要保证肉鸽的健康，必须保证肉鸽的饲料营养、清洁和卫生。目前，肉鸽场饲料有两种，一是经加工后的颗粒饲料；二是未经加工的原粮；前者在加工过程中维生素等一些营养成分被破坏，所以在使用颗粒饲料时应再次准确计算饲料的各种营养成分。在使用原粮的鸽场，应根据肉鸽的不同生长期以及鸽的生长发育特点，制订出合理的饲料配方。各个肉鸽场的条件不同，所以饲料的配比也会有所不同，但在配比中应首先考虑根据能量、粗蛋白和氨基酸的需要量来配比，不同的营养成分可用营养添加剂来补充，常用的添加剂主要有氨基酸（赖氨酸、蛋氨酸等）、维生素和矿物质等。在使用原粮时，尤其要注意的是不要使用霉变、腐败的原粮，变质霉变的饲料中含有大量病菌，一旦被鸽子食用，易诱发传染病的发生，这是所有鸽场都是要十分重视的。同时还要注意饲料在加工、贮藏、运输过程中场地和设备的清洁卫生，防止饲料被污染。饲喂时做到“四定”（定时、定量、定质和定温），并做到少喂勤添，不突然更换饲料种类。

饮水卫生对鸽群来讲是非常重要的，所饮用的水要符合卫生标准，要求外观清亮透明，无异味、无杂质，pH 应接近中性，水质硬度、矿物质含量以及大肠杆菌指数不能超标。在使用地下水的地方应先使水净化、消毒后才能使用。以颗粒谷物为食时，每日早、晚必须各饮水 1 次，夏季应在中午增加饮水 1 次，每次饮水前应先把剩余的水倒掉，再把水槽清洗后加入新鲜水，必要时还可在饮水中加入 0.01%高锰酸钾溶液。

另外,还应保持鸽舍的清洁干爽,适当的通风,夏天防暑,冬天防寒。一般舍内温度保持在 10～20℃为宜,每天保证 16～17 小时的光照时间。

2. 坚持"自繁自养",防止疫病传入与蔓延

有些肉鸽场没有基本母鸽群,靠从外地或市场上购进鸽源,如不采取严格的检疫和隔离饲养措施,往往易购进病鸽而将疫病传入,因此,坚持自繁自养是防止疫病传入肉鸽场的一项基本措施。家庭肉鸽养殖场必须建立基本母鸽群,坚持自繁自养的经营原则,尽量避免外引鸽子,如需进行品种调配或补充种源,要从外地引进鸽种时,一定要严格考察所引鸽场及当地鸽病的发生和流行情况,绝对不要在有疫病流行的地区引进种鸽。对新购进的肉鸽,有条件者可进行严格的检疫,无条件进行检疫的,也至少将其隔离饲养 2～4 周,经仔细观察检疫,确认无异常情况后,再经过严格消毒,方可混入大群。

凡已售出的鸽子,一律不得退回。同时还要注意对场外其他家禽或野禽的防范,严防其进入肉鸽场内。场内饲养管理人员不得在场外从事其他家禽(尤其是鸽子)的养殖活动,以防疫病传入。

为了避免疫情在场内的扩大或蔓延,病鸽的及时发现非常重要。一般在早晨打扫卫生时注意观察鸽群的粪便,饲喂时间注意观察鸽群的采食、饮水及精神状况,傍晚安静时,应注意倾听鸽群有无呼吸异常,如打呼噜、喘气、咳嗽、喷鼻等。观察到的病鸽应及时挑出进行隔离治疗,以防疫病扩散蔓延。

非兽医技术人员不得自行在鸽场内解剖病死鸽，确实需要时，必须在兽医技术人员现场指导下方可进行。对不明原因死亡的肉鸽，需进行焚烧、深埋等无害化处理，严禁出售、随处乱扔。此外，养殖场应尽量远离城镇、工矿区、人口密集区及禽蛋收购加工点，合理布局养殖场的生产区、生活区、管理区和隔离区，生产区应禁止外来人员随意出入等。

3. 定期预防接种，根据不同生长期做好防病工作

给肉鸽定期进行预防接种，使其产生特异性的抗病能力，在一定时间内，可以避免鸽群遭受传染病的侵袭，因此，给鸽群定期进行疫苗预防接种是防止肉鸽发生传染病的重要防疫措施之一。由于肉鸽年龄、母源抗体水平及疫苗类型的不同，不同地区、不同鸽场同一种传染病的免疫程序应有所不同，应通过正确的免疫监测手段，结合本地实际情况，建立和健全定期预防接种和不定期补防相结合的防疫制度，以达到预防传染病的目的。

肉鸽常用的免疫方法有注射免疫、饮水免疫、滴鼻点眼免疫和气雾免疫 4 种。

(1)注射免疫时要严格消毒注射器、针头等，做到一鸽一针，针头不能过粗、过长，动作要轻巧利落。

(2)饮水免疫时首先要对鸽群停水 1～2 小时，其次要掌握好饮水的水质和水量，以保证每只鸽都能饮到而又不致水量过剩。

(3)点眼和滴鼻免疫时，一定要准确无误，切忌速度过快而导致疫苗未被收入。

(4)气雾免疫时切忌雾滴微粒过大，不能被鸽吸入呼吸道，

导致免疫失败。

实践证明，在肉鸽的不同生长时期和易发病年龄段，用药物和疫苗预防疾病，效果较佳。

一般在每年的春、夏交换季节做好青年鸽、乳鸽的鸽痘弱毒疫苗接种。而根据鸽场所在地鸽Ⅰ型副黏病毒病的流行情况，每隔半年或1年接种1次鸽Ⅰ型副黏病毒疫苗。

对于乳鸽，应做好鸽痘、毛滴虫病、球虫病、支原体病、沙门氏菌病的预防工作。除按时接种鸽痘疫苗外，还可在乳鸽饲料或饮水中添加相应的药物，如二甲硝唑、氯羟吡啶、土霉素、氟苯尼考等。

对于青年鸽，则要做好营养物质的补充和广谱抗菌药的应用，以提高抗病力。

对于种鸽，则要提高饲料蛋白质含量，开产前进行体内外寄生虫的驱除，并给予适量抗菌药，以增强繁殖力，提高种蛋孵化率，减少雏鸽死亡率。

4. 保持鸽舍清洁卫生，建立有效消毒制度

鸽舍卫生是搞好环境卫生的基础，必须勤于打扫，每天至少1次。食槽、饮水器、保健砂杯等用具也应每天清洁，保健砂最好每周清理1次。应及时清理与更换鸽笼内的垫料，一般有两种方法，即常换法与厚垫法。夏季采用常换法，即及时将受污的垫料取出，然后换上新鲜垫料。冬季多采用厚垫法，即每天增铺新垫料，而不将受污垫料取出，这样愈垫愈厚，到一定程度后再1次清除出去。鸽舍内的粪便不可长期堆积，通常夏、秋季每3天应清理1次，冬、春季每周清理1次，粪便清理后，应用生石

灰或草木灰进行地面消毒。还应注意做好杀虫灭鼠工作。通过以上措施保持鸽舍内清洁卫生，给肉鸽创造良好的生活环境。

对任何鸽场来讲消毒工作是一件很重要的工作，通过消毒可以杀灭与清除鸽群体外及外部周围环境的病菌、病毒，其目的是切断传播途径。因此，鸽场必须要建立一个长期有效的消毒制度。

结合平时的饲养管理，一般肉鸽场应每周预防性消毒1次，包括对料槽、水槽、保健砂杯、鸽笼、鸽舍内的墙壁、地面、舍外的道路、运动场地、建筑物、鸽场入口、鸽舍的进出口等进行的消毒，以预防传染病的发生。消毒前应彻底打扫场、舍内外的环境。空舍消毒时，应先将舍内粪便、垫料、灰尘、污物等全部清扫干净，然后用水冲洗附着在墙壁、地面上的污物，再用10%～20%石灰乳或2%～3%的烧碱溶液进行喷洒消毒。带鸽消毒时，要尽量选用无刺激性气味、无残毒、无腐蚀性的消毒剂进行消毒，如0.2%～0.5%过氧乙酸，0.1%的新洁尔灭，0.5%～1.0%漂白粉溶液等。

有条件的鸽场可在大门口及鸽舍进出口设置消毒池，放置生石灰或烧碱等消毒剂，并每周至少更换1次。人员、鸽笼和车辆等工具在外出归来，进入鸽场时均应做好消毒工作。工作人员应勤洗手、勤换衣。

(二)鸽病的诊断与治疗方法

随着肉鸽饲养密度的提高，应激因素的增多，为各种疫病在肉鸽养殖场的传播提供了有利的环境条件，尤其鸽群较大时，若发生疫病流行，则遭受的损失也越严重。近年来，一些以往危害较轻的疫病，其发病率和死亡率呈上升趋势，特别是对幼鸽的危害更为突出，鸽病已成为肉鸽养殖户的一块心病，因此了解肉鸽疾病诊断与治疗方法，是有效防治鸽病、控制疫病流行、减少经济损失的重要环节。

1. 鸽病诊断方法

鸽病诊断的目的是为了尽早地认识疾病，以便采取及时而有效的预防和治疗措施。诊断是防治工作的先导，只有及时正确的诊断，防治工作才能见成效。否则往往会盲目行事，贻误时机，给养鸽业带来重大的经济损失。对于家庭肉鸽养殖场，疾病的诊断方法很多，一般根据诊断需要的具体条件而定，通常采取综合性诊断方法较为可靠。其具体方法如下：

(1)临床观察

对肉鸽群体和个体进行临床观察检查是一种最基本、最常用的疾病诊断方法，通过观察鸽外貌、行为习性、精神状态，检查体温、心跳、呼吸、粪便、可视黏膜、外伤等的变化，对观察与检查结果进行分析，可及时发现病鸽。一般病鸽的临床观察应结合日常饲养管理进行，首先进行鸽群的检查与诊断，其内容包括如下几项：

①鸽的外貌与精神状态：包括观察鸽的神志，活动，眼神，鸣叫，羽毛状态等。病鸽大都精神欠佳，不爱活动，离群独处，羽毛松乱，眼无神呈半闭状，流泪，呼吸加快，呼吸时喘鸣或从喉头气管发出异常声音等，这些都是患病征兆。

②体态和运动状态检查：是指异常的身体姿势和运动状态，

如有无角弓反张、扭头歪颈、两脚伸张、弯爪、头颈软瘫、翅下垂、单脚跳、直线或旋转运动等。这此表现均不正常,需进一步做其他项目的检查。

③饮食欲变化:可在放料、放水时观察鸽的反应,是否活跃,有无出现呆立、不思饮食的。还可根据饲喂前料槽或水槽中饲料或饮水的剩余量或每天喂给饲料的记录,了解食欲与饮水变化。若出现少食,不食,狂饮水或不哺育幼雏,不孵蛋等情况,应注意。一般鸽子患病时,采食量减少,但饮水量增加。

④粪便检查:粪便的异常情况往往是疾病的预兆。正常鸽的粪便是灰黄色,黄色或灰黑色(与采食饲料种类有关系),且呈条状或螺旋状,粪的一端有白色附着物。如果鸽子排出的是松软、稀烂、水样粪,恶臭带白色黏液的粪,或绿色、黑色、红色粪便等,均属不正常现象。

若鸽群经上述检查发现异常,应对发现的病鸽作下列项目检查:

a. 眼的检查:观察双眼有无分泌物,结膜是否潮红或苍白,角膜的色泽、出血点与水肿、角膜的完整性和透明度等。瞳孔有无扩大或缩小等。患鸟疫、副伤寒、眼炎、霉形体病及维生素A缺乏症等的病鸽,眼睛红肿发炎,分泌物增多。患结膜炎者则结膜潮红,血管扩张。患丹毒病或肺炎时结膜青紫。贫血或营养不良时,结膜苍白。有机磷农药中毒时则瞳孔扩大,口腔干燥。

b. 鼻瘤检查:健康鸽鼻瘤鲜明,白色,且干净。雏鸽的呈肉色,幼鸽从肉色逐渐为白色。如鼻瘤污秽潮湿,白色减退,色泽暗淡,多为患感冒、鸟疫、副伤寒及呼吸系统疾病等。

c. 检查口腔:检查口腔黏膜颜色是否正常,有无黏液,有无溃疡或假膜,呼出的气体有无异常味道。如口腔、咽喉出现潮红、溃疡或黄白色假膜,则可能是患了咽喉炎、毛滴虫病、鹅口疮或白喉型鸽痘。口腔有灰白色结节,多为维生素 A 缺乏症。

d. 检查嗉囊:用手轻轻按嗉囊,检查是否积存饲料和水分,如果进食 3 小时后嗉囊仍胀大坚实,则可能患硬嗉病,如果鸽不食而嗉囊充满,软而有波动,倒提或轻捏时从口中流出酸臭液体,可怀疑患有软嗉病或霍乱病等。

e. 呼吸系统检查:观察鼻孔有无分泌物,检查呼吸次数。正常鸽呼吸平静、深沉,每分钟 30～40 次,如张嘴呼吸,喘鸣声,打喷嚏,摇头乃有病表现。如患喉气管炎、支气管肺炎、支原体病、毛滴虫病时,可出现喷嚏、流鼻涕、咳嗽和发出"咕噜咕噜"的声音。患严重坏死性肺炎时,病鸽张口呼吸,呼出带臭味的气体。

f. 肛门及泄殖腔检查:看肛门周围的羽毛有无被粪便污染,再用手指翻开肛门,看泄殖腔有无充血、出血或坏死。患胃肠炎、溃疡性肠炎、副伤寒病时,肛门周围多被粪便玷污,用手翻开肛门,可见泄殖腔充血或有出血点。

g. 腹部检查:从胸骨端开始向耻骨方向轻轻按摩腹部,留意手感,如便秘可摸到肠内有黄豆粒大小的粒状粪。如触到鸽体腹部的肝脏过大或硬实便是肝炎或肝硬化,若腹部胀大下垂,手摸有波动感,则是腹腔炎的表现。

h. 皮肤检查:检查皮肤颜色、光滑度是否正常,有无丘疹、损伤、赘生物及肿胀,局部温、湿度是否正常。健康雏鸽的皮肤应红润而富有血色。肺炎、亚硝酸盐中毒、鸟疫、丹毒病及血液缺氧时,皮肤呈紫黑色。用手触摸两翼内侧胸部皮肤,皮温高是发热的表现，皮温低则是血气不足的虚寒症或重病危症的表现。

j. 骨及关节的检查：看见鸽运动失调或翅下垂时，应检查骨及关节，有无骨折，胸骨有无畸形，关节有无肿大，长骨有无变形或扭转，有无麻痹等。

h. 体温检查：用温度计小心插入泄殖腔内，探温 5 分钟。健康鸽的体温是 40.5～42.0℃，应注意有时因驱赶、烈日直射也会使温度升高 0.5℃左右。一般传染病、原虫病都可使体温升高；而营养病、蠕虫病多不出现体温变化。

(2)病理剖检

诊断鸽病，单凭临床观察往往只反映表面现象，必须解剖病死鸽，即进行内部病理学检查，直接观察体内各脏器的变化，这些变化中有些是一般性的，有些则是特征性的，而特征性的病理变化往往成为诊断疾病的有力证据。

①病理剖检方法

病理剖检时，应先观察尸体外表，注意其营养状况、羽毛、天然孔、可视黏膜的情况，而后用水或消毒液将羽毛浸湿，做仰卧保定，再剥皮、开膛，取出内脏，逐项按剖检顺序认真观察，包括皮肤、肌肉、鼻腔、气管、肺、食道、胃、肠、盲肠、扁桃体、心脏、卵巢、输卵管、肾、法氏囊、脑、外周神经、胸腔和腹腔。剖检时，要做好记录，检查完后找出其主要的特征性病理变化和一般非特征性病理变化，做出分析和比较。

②剖检注意事项

a. 在剖检时，要了解死鸽的来源、病史、症状、治疗经过及防疫情况。

b. 剖检前，准备好需用的器具及消毒药，穿好工作服，戴上手套。

c. 剖检病例应选择未经治疗的濒死或刚死不久的鸽，且剖检时间越早越好，死后时间过长，不利于观察病变。

d. 剖检中严防散毒，有条件的可在专门的解剖室或焚烧炉旁进行，无条件的也可暂时选在远离鸽舍及水源的地方，并在消毒的塑料布上进行，然后与尸体一并焚毁。场地、所有用过的衣物、器具及剖检人员的手脚皮肤均应及时消毒。

e. 剖检要有一定的数量。任何疾病的病变，都受年龄大小、感染迟早、病程长短、感染类型等多种因素影响，其典型或固有的病变不一定能在每只鸽子身上明显、真实地反映，应考虑发病鸽群不同年龄、急慢性、发病和病死的病例，剖检一定数量（如5～10只），才能得出较为可靠的结果。

③剖检中常见的病理变化

肉鸽患病的病理变化，常见的有如下几种：

a. 充血：局部器官组织毛细血管扩张，血液含量增多，称为充血。充血部位表现为增温、轻微肿胀并发红，而且发红部位的皮肤用指压后即褪色，指放开即恢复原状。充血是动物体的一种防御反应，主要见于炎症。

b. 瘀血：亦叫静脉充血，是静脉血液回流发生障碍所引起的，具体表现为：发紫、肿胀、温度降低；切开时，从血管内流出多量暗红色不凝固的血液。瘀血往往多见于肺、肝、脾、肾等实质器官。

c. 出血：血液流到心脏血管系统之外，称为破裂性出血；血液中的红细胞从小血管渗出，即叫渗出性出血。破裂性出血可见于盲肠球虫病的盲肠血管被寄生虫破坏，流出血液，随粪便排出。渗出性出血可见于多种疾病,大多因病原微生物在血液中繁殖,使血管壁通透性改变所造成,具体表现在局部器官组织有出血点或小的出血斑,例如鸽新城疫的肌胃角质膜下有斑状出血(或充血)。

d. 贫血:全身器官或局部组织中血液或红细胞明显减少称为贫血。贫血器官或组织失去原来的色泽而苍白。引起贫血的原因较多,主要有失血、溶血(红细胞被致病因子破坏)、营养不良、红细胞再生因子障碍(多见于慢性中毒)等。

e. 萎缩:器官组织功能减退和体积缩小称为萎缩。有病理性萎缩和生理性萎缩之别,如法氏囊(亦称为腔上囊),它随年龄的增大而缩小是生理性萎缩。如因病而导致萎缩的则叫病理性萎缩。

f. 肿大:实质器官体积超过正常时称为肿大。通常器官边缘钝厚,切开组织时刀口不闭合,如肝肿大、脾肿大等。

g. 肿胀或水肿:当器官组织内局部病理性渗出液的增加,引起局部凸出、异常时,称为肿胀或水肿。通常出现膨大、松软,切开组织时呈胶冻样或有液体流出。

h. 坏死:机体内局部组织细胞的病理死亡称为坏死。局部组织细胞坏死主要是由于病原微生物直接破坏细胞及其周围的血液循环所致。具体可分凝固性坏死(组织坏死后,蛋白质凝固,形成灰白色或灰黄色。较干燥、无光泽的凝固物,如鸽霍乱病肝上所出现的坏死点);液化性坏死(组织坏死后分解液化,成为脓汁);坏疽(即坏死性腐败)。

j. 糜烂与溃疡:坏死组织一经脱落而留下已形成的残层缺损叫做糜烂,较深的缺损称为溃疡。

h. 肿瘤：机体某一部分细胞发生异常增生，且其生长失去正常控制，而形成肿块，称为肿瘤。它有良性和恶性之分，恶性肿瘤的特点是生长迅速，能向周围组织浸润扩散，能向其他部位转移，对机体危害严重。鸽的恶性肿瘤见于马立克氏病等。

(3)借助仪器设备检查

借助仪器、设备的检查，常常作为鸽病确诊必不可少的手段。由于受客观条件的限制，使用的程度有所不同，具体视鸽场的经济能力、生产规模、重视程度而定。不过对于家庭式肉鸽养殖场来说，购置一台普通的光学显微镜及少许载玻片和盖玻片，用来检查原虫尤其是危害严重的毛滴虫、真菌及某些细菌，都能起到帮助诊断的作用，开支少而实用。

(4)病料采取与保存

除了大型鸽场具有一定的实验室检查条件外，目前我国大部分家庭肉鸽养殖场都无条件进行较复杂的实验室检查项目。然而，对于传染病、寄生虫病和中毒病、营养代谢病等群发性病鸽的最终确诊，还是需要通过病原检查鉴定、虫卵或虫体检查与毒物和营养分析结果下结论。据此，应及时采取病料送有关化验室进行检查，以做出确诊。

①病料采取前的准备

a. 采取病料的鸽子最好未经任何药物治疗，以免影响检出结果。

b. 如果采取整病鸽料送检，应先将病死鸽用消毒药喷洒消毒，然后用消毒的塑料布包扎，置于放有冰块的冷藏箱内送检。

c. 采取病料器械的消毒：刀、剪、镊子等用具可煮沸 30 分钟，最好用酒精擦拭，并在火焰上烧一下。器皿在高压灭菌器内或干烤箱内灭菌。载玻片应在1%～2%的碳酸氢钠溶液中煮沸10～15分钟，水洗后，再用清洁纱布擦干，将其保存于酒精中。注射器和针头放于清洁水中煮沸30分钟即可。

②病料采取

病料采取时可根据初步诊断结果，重点采取相应病料(见表6-1)。对一时不易明确的病例，可采取整鸽病料送检。

表6-1 鸽主要疾病需采取的病料

疾　病	生　前	死　后
禽霍乱	血液或血清	1. 肝、肺病变组织 2. 心血涂片数张
大肠杆菌病	粪便	1. 肠内容物 2. 肝、脾组织
沙门氏菌病	粪便	1. 肠内容物 2. 肝组织
亚利桑那菌病	粪便	1. 肠内容物 2. 肝、脾、肺组织和心血
弯杆菌病		1. 胆汁及肝、脾组织 2. 心包液及盲肠内容物
溃疡性肠炎	粪便	1. 肝、脾组织 2. 大肠内容物 3. 十二指肠及盲肠内容物
禽结核		肝、脾、肠道结核结节灶

续表

疾　病	生　前	死　后
葡萄球菌病	眼分泌物	1. 皮下渗出液、眼分泌物和肝、脾组织 2. 雏鸽卵黄囊、肝及死胎
支原体病	血清	气管、气囊、肺和鼻分泌物
链球菌病		皮下渗出液、心血、关节液、卵黄囊、肝、脾组织
衣原体病	血清及粪便	1. 气管、肝、脾、心肌组织 2. 肠内容物
新城疫(鸽瘟)	血清	1. 早期:肝、脾、肺组织 2. 中后期:脑、骨髓
禽痘	冠及头无毛处的痘痂	1. 头部痘灶 2. 喉头、气管上的伪膜
禽流感	血清、喉头、上部气管、泄殖腔分泌物	肺、气管、肝、脾、肾组织
球虫病	粪便	肠内容物
鞭毛虫病		小肠上段组织
蛔虫、绦虫和毛细线虫病	粪便	肠内容物

③病料采取注意事项

a. 采取病料的时间：内脏病料的采取，须于患病鸽死后立即进行，最好不超过 6 小时，夏季不超过 4 小时，如拖延时间太长，组织变性和腐败，会影响病原微生物的检出及病理组织学检验的正确性。

b. 采取病料，应选择症状和病变典型的病死鸽，有条件最好能采取不同病程的病料。

c. 采取病料时应无菌操作：用于细菌学、病毒学检查的病料均应无菌操作采取，在体腔打开后尚未剖检之前进行。采取一种病料，使用一套器械。并将取下的材料分别置于灭菌的容器中，绝不可将多种病料或多只动物的病料混放在一个容器内。

d. 采取病料顺序：一般先采取微生物学检验材料，然后结合病理剖检采取病理检验材料。不能初步推断病鸽死于何种疾病，则可将死鸽包装妥善后将整个死鸽送检。

e. 需要采取的病料，应按疾病的种类适当选择。当难以估计是那种传染病时，应采取有病变的脏器、组织。但心血、肺、脾、肝、肾等，不论有无肉眼可见病变，一般均应采取。

f. 病料采集后，如不能立即送检，应立即保存于冰箱中或于保存液中保存。

④病料保存

采取病料后要及时送检，送检过程中应尽量使病料保持新鲜，以便获得正确结果。

a. 细菌学检查病料的保存

将采取的组织块，保存于饱和盐水或30%甘油缓冲液中，容器加塞封固。病料保存液的配制方法如下：

饱和盐水配制：蒸馏水100毫升，加入氯化钠39克，充分搅拌溶解后，用3～4层纱布过滤，滤液装瓶高压灭菌后备用。

30%甘油缓冲溶液的配制：化学纯甘油30毫升，氯化钠

0.5 克，碱性磷酸钠 1 克，蒸馏水加至 100 毫升，混合后高压灭菌备用。

b. 病毒学检查病料的保存

将采取的组织块保存于 50％甘油生理盐水或鸡蛋生理盐水中，容器加塞封固。病料保存液的配制方法如下：

50％甘油生理盐水的配制：中性甘油 500 毫升，氯化钠 8.5 克，蒸馏水 500 毫升，混合后分装，高压灭菌后备用。

鸡蛋生理盐水的配制：先将新鲜鸡蛋表面用碘酒消毒，然后打开，将内容物倾入灭菌的容器内，按全蛋 9 份加入灭菌生理盐水 1 份，摇匀后用纱布滤过，然后加热至 56℃，持续 30 分钟，第二天和第三天各按上法加热 1 次，冷却后即可使用。

c. 病理组织学检查病料的保存

将采取的组织块放入 10％的福尔马林溶液或 95％的酒精中固定，固定液的用量应是标本体积的 10 倍以上。如加 10％福尔马林固定，应在 24 小时后换新鲜溶液 1 次。严冬季节可将组织块(已固定的)保存在甘油和 10％福尔马林等量混合液中，以防组织块冻结。

⑤病料送检

一般送检时病料应放入装有冰块的保温瓶内，如无冰块，可在保温瓶内放入氯化铵 450～500 克，加水 1 500 毫升，上层放病料，能使保温瓶内保持 0℃达 24 小时。此外，还应附带病情记录，如发病鸽品种、性别、日龄，送检病料的数量和种类，检验的目的，死亡时间并附临床病例摘要等。

2. 鸽病的治疗方法

家庭式肉鸽养殖场鸽病治疗应以群体、快速、简便为前提，重点防治传染病、寄生虫病、中毒病和营养代谢病等群发性疾病。这些鸽病中已有几种可使用疫苗或菌苗进行预防，但更多的鸽病防治仍然需要使用各种药物。

(1)肉鸽用药原则

鸽用药物种类繁多，来源甚广，尤其是近几年来开发的新兽药也层出不穷，为防治用药的选用带来有利条件。但肉鸽用药必须遵循有关基本原则，对症施治，才能达到药到病除的目的。肉鸽用药的基本原则应为：

①正确诊断疾病，了解药物的适应证，选用最有效的药物进行治疗。

②综合考虑药物的用量、疗程、给药途径、不良反应、经济效益等。灵活掌握用药的时间和剂量。只有疗程足够，药量充足，才能治愈疾病，减少不良反应。并依据具体情况选择正确投药的方法和剂型，必要时还可采用两种或两种以上的药物联合使用，以期达到治疗目的。

③注意药物的批号及有效期。很多药物具有失效期和保管药物的具体要求，尤其对剧毒药物，使用前必须注意和认真的鉴别，以免发生事故。

④不要滥用药物，避免耐药性产生及药物在鸽肉中残留。

⑤用药同时，加强饲养管理，提高药物防治效果。

(2)肉鸽常用给药方法

不同的给药方法可以影响药物的吸收速度、药效出现的时间及维持时间。因此，应根据药物的特性、鸽的生理、病理状况，选择不同的给药方法，不能千篇一律。如对严重感染的病鸽多采用注射给药；一般感染或消化道感染可以饮水或拌料给药；但治疗严重消化道感染引起的败血症或菌血症时，选择注射法与饮水或拌料并用的方法为好。

①口服给药法

此法用药剂量准确，并能使每只鸽都摄入药物，适用于对个别病鸽进行治疗，也适用于要求用量准确的群体治疗。方法是：灌服小片剂、丸剂及胶囊药物，可放至口腔深处，给少量水送服，注意不要将药物投入气管；水剂药物，可用胶管经口插入嗉囊，不能太浅，以免药液进入气管；粉剂药物，可配成水剂或混悬液，再用上法灌服。

②饮水给药

是鸽场最常用的给药方法。鸽患病初期，往往会引起食料减少或完全废食，但饮水量不减或有增加。因此，将水溶性好的药物按说明浓度溶于水中，供鸽自由饮用，常能收到良好的效果。另外，为了预防鸽病，也常将某一药物混于水中给鸽饮用。该方法简便易行，但容易造成浪费。

饮水给药时应先称取适量药物（按需要服药鸽的数量及每只用药量计算），溶解于少量水中，待药物全部溶解后，再按照所需的浓度，按一定比例稀释于适量水中，搅拌均匀后再给鸽饮用。使用此法应注意：

a. 药物的溶解度：一般用于饮水的药物应是溶解度高。难溶解的药物应根据药物的性质，可采用加热或加入助溶剂的办法，使其溶解度增大。

b. 掌握好给药的时间:在水中不易被破坏的药物,其药效维持时间较长,当天饮用不完,第 2 天可以继续使用;而在水中易被破坏的药物,可在饮前限制饮水 1～2 小时,保证病鸽在规定时间内饮完药液以保证药效。

c. 药物的浓度要适当:首先按百分比浓度或百万分比浓度计算出鸽群所需的药量,严格地按比例配制药液,以免造成药物无效或产生不良反应。

d. 根据肉鸽可能的饮水量计算药液量:肉鸽的饮水量与品种、饲养方法、饲料、季节及气候等因素密切相关。一般来说,在秋、冬季,每只鸽每天饮水量为 20～30 毫升,春季为 30～40 毫升,夏季及哺乳期为 50～60 毫升。若是鸽饮水少,配制的药液就不宜过多,而在炎热天气饮水量增多时,配制的药液就必须充足。

③拌料给药

将难溶或不溶于水的药物按所需剂量均匀拌入饲料中,让鸽自由采食,适用于大群给药,简单易行,确实可靠。用时一定要注意搅拌均匀,特别是对不良反应较大,用量较少的药物更应如此。饲料用量也不宜多,以免鸽子采食不到治疗剂量药物时就产生了饱感,最好在其服药前停料 1～2 小时。

④注射给药

此法适合于个体治疗或小群治疗,优点是给药确实,剂量准确,起效快。缺点是费工费时,易造成鸽群应激。包括肌内注射、皮下注射、嗉囊注射、刺种。

a. 肌内注射:多用水针剂,可注射部位有胸肌、腿肌和翅膀内侧肌肉。注射时,应选择较小号的针头,以防注射后药液随针孔流出。

b. 皮下注射:常用部位是颈部皮下和胸部皮下。

c. 嗉囊注射:主要用于嗉囊炎的治疗。

d. 刺种法:常用部位是翅膀或鼻瘤上,先蘸一滴药,再用针头刺破皮肤即可。

⑤保健砂给药法

这是一种较为简便的方法,适用于用量较小、毒性较低及长期投喂的药物。方法是:将药物均匀地混于保健砂中,使鸽在食保健砂的同时,服用一定量的药物。使用此法时,应注意:

a. 药物应混得均匀:鸽吃保健砂的数量较少,每天采食量为3～10克,不同时期鸽的采食量不同,每只鸽每天平均采食量为4克左右。先取少量配制好的保健砂,将药物倒入其中反复搅拌,然后再倒入所需量的保健砂中,反复搅拌5～6次。

b. 应注意药物与保健砂成分的关系:保健砂中的成分较多,有常量元素、微量元素、维生素等,使用的药物应注意避免失效或造成不良反应。

c. 应现配现用。

⑥外用给药

此法操作简单,常用于驱杀鸽子体外寄生虫。使用过程中应注意:

a. 注意药物的浓度:外用药物一般毒性较大,应严格掌握药液的浓度、药量。最好选用毒性较低的药品,尽量不要喷到鸽的头部。

b. 防止鸽中毒:使用该法所用药物毒性要小,并在沐浴、淋浴及喷雾之前,让鸽饮足清水,避免鸽因口渴而饮入较多的药液，导致中毒。

除上述方法之外，对于眼睛、鼻腔和口腔的疾病可直接滴入药液。气雾免疫或投药时，可采用喷雾的方法给药。

(3)肉鸽常用药物

肉鸽常用药物主要是抗菌药、抗寄生虫药、环境消毒药，在此对这三类药物中的常用品种的给药方法、剂量及适应证进行简要介绍。

表 6-2 鸽病防治常用药物简表

名 称	给药方法	剂 量	适应证
青霉素	肌内注射 饮水	6 万～8 万单位/千克体重，2 次/日 15 万～20 万单位/升，连用3～5 日	丹毒、肠炎、葡萄球菌病、链球菌病、球虫病等
氨苄西林	口服肌内注射	20～40 毫克/千克体重，2～3 次/日 10～20 毫克/千克体重，2～3 次/日，连用2～3 日	副伤寒、霍乱、丹毒、肠炎、葡萄球菌病、链球菌病等
阿莫西林	口服肌内注射	10～15 毫克/千克体重，2 次/日 5～7.5 毫克/千克体重，2 次/日	副伤寒、霍乱、丹毒、肠炎、葡萄球菌病、链球菌病等

续表

名　称	给药方法	剂　量	适应证
红霉素	拌料饮水	100～200 毫克/千克，连用 3～5 日 50～100 毫克/升，连用 3～5 日	葡萄球菌病、链球菌病、支原体病
泰乐菌素	饮水	400～800 毫克/升，连用 3～5 日	支原体病、链球菌病、丹毒等
林可霉素	饮水	200～300 毫克/升，连用 3～5 日	葡萄球菌病、链球菌病、支原体病
卡那霉素	肌内注射 饮水	10～30 毫克/千克体重，2 次/日 30～100 毫克/升，连用 3 日	肺炎、霍乱、副伤寒、支原体病、大肠杆菌病等
庆大霉素	口服肌内注射饮水	5 000 单位/只，2～3 次/日 2 000 单位/千克体重，2～3 次/日 2 万单位/升，连用 3～5 日	霍乱、副伤寒、支原体病、葡萄球菌病、大肠杆菌病
阿米卡星	肌内注射	5～7.5 毫克/千克体重，2 次/日	同庆大霉素

续表

名　称	给药方法	剂　量	适应证
土霉素	拌料肌内注射	300～500 毫克/千克 25～50 毫克/千克体重,2～3 次/日	沙门氏菌病、霍乱、鸟疫、葡萄球菌病、大肠杆菌病、肠炎、鼻炎、气管炎等
四环素	肌内注射饮水	40～50 毫克/千克体重,2 次/日 150～250 毫克/升,连用 3 日	沙门氏菌病、霍乱、鸟疫、葡萄球菌病、大肠杆菌病、肠炎、鼻炎、气管炎等
多西环素(强力霉素)	口服拌料饮水	15～25 毫克/千克体重,1 次/日,连用 3～5 日 100～200 毫克/千克 50～100 毫克/升	霍乱、沙门氏菌病、葡萄球菌病、链球菌病、大肠杆菌病、支原体病、鸟疫等
甲砜霉素	口服	20～30 毫克/千克体重,2 次/日,连用 3～5 日	沙门氏菌、大肠杆菌引起的消化道感染
氟苯尼考	拌料肌内注射	100～200 毫克/千克 20 毫克/千克体重,1 次/2 日,连用 2 次	沙门氏菌、大肠杆菌引起的消化道感染

续表

名　称	给药方法	剂　量	适应证
氟哌酸	口服饮水	10 毫克/千克体重,1～2 次/日 100 毫克/升	沙门氏菌、大肠杆菌、巴氏杆菌、支原体感染
环丙沙星	口服肌内注射饮水	5～7.5 毫克/千克体重,2 次/日 5 毫克/千克体重,2 次/日,连用 3 日 15～25 毫克/升,连用 3～5 日	大肠杆菌、沙门氏菌、巴氏杆菌、嗜血杆菌、葡萄球菌、链球菌、支原体感染
恩诺沙星	口服肌内注射饮水	5～7.5 毫克/千克体重,2 次/日,连用 3～5 日 2.5～5 毫克/千克体重,1～2 次/日,连用 2～3 日 50～75 毫克/升,连用 3～5 日	大肠杆菌、沙门氏菌、巴氏杆菌、嗜血杆菌、葡萄球菌、链球菌、支原体感染
磺胺嘧啶	肌内注射拌料或饮水	100 毫克/千克体重,1～2 次/日 0.1%～0.2%	禽霍乱、沙门氏菌病、大肠杆菌病、传染性鼻炎、葡萄球菌病等

续表

名 称	给药方法	剂 量	适应证
磺胺甲基异恶唑	肌内注射拌料或饮水	10 毫克/千克体重，2 次/日 0.1%	葡萄球菌病、大肠杆菌病、沙门氏菌病、霍乱、支原体病等
磺胺六甲氧嘧啶	拌料	治疗 0.1%，连用 5 天 预防 0.0125%	葡萄球菌病、大肠杆菌病、沙门氏菌病等，球虫病、住白细胞原虫病
磺胺喹恶啉	饮水	300～500 毫克/升，连用 3～5 日	球虫病
制霉菌素	口服拌料	5 000 单位/只，2 次/日，连用 2～4 日 50 万～100 万单位/千克，连用 1～3 周	鹅口疮、曲霉菌病等
克霉唑	拌料	0.8 克/100 只	鹅口疮、曲霉菌病等
地克珠利	拌料	1.0 克/千克	球虫病
氯羟吡啶	拌料	125 毫克/千克料，连用 2 周	球虫病
球痢灵	口服	125 毫克/千克，连喂 2 周	球虫病
甲硝唑	饮水	500 毫克/升，连用 7 天	鸽滴虫病
二甲硝唑	拌料	100～200 毫克/千克，连用 10 天	鸽组织滴虫病、毛滴虫病

续表

名　称	给药方法	剂　量	适应证
左旋咪唑	口服	25 毫克/千克体重，1次/日	驱除蛔虫、异刺线虫、毛细线虫等消化道寄生虫
丙硫咪唑（阿苯达唑）	口服	10～50 毫克/千克体重，1次/日	驱除消化道线虫、赖利绦虫、卷刺口吸虫
哌嗪	口服	100～200 毫克/千克体重，1次/日	蛔虫等消化道线虫
硫双二氯酚（别丁）	口服或拌料	150～200 毫克/千克体重，1次/日	驱除肠道绦虫
依维菌素	口服或皮下注射	0.2 毫克/千克体重	驱除消化道线虫、蜱、螨、虱等体表寄生虫
20% 氰戊菊酯	淋浴	1：(1 000～2 500)倍稀释	驱除蜱、螨、虱等体表寄生虫
2.5% 溴氰菊酯	淋浴	1：400 倍稀释	驱除蜱、螨、虱等体表寄生虫

表 6-3 鸽舍常用消毒药

药物名称	性状及作用	使用浓度	应用范围及注意事项
生石灰(氧化钙)	白色块状物,加水后变成氢氧化钙,呈悬乳状,弱碱性,对细菌有一定的杀灭作用、对芽孢无效	10%、20%,每1千克生石灰加1千克水熟化后再加9千克水,即配制成10%石灰乳	涂刷鸽舍墙壁、地面或用作鸽排泄物及环境的消毒 干粉无消毒作用。现配现用
草木灰	为柴草燃烧后的灰烬,有效成分为碳酸钾和苛性钾。有很强的杀菌力,能杀死非芽孢菌和病毒	20%～30%,取30份草木灰加水100份,搅动煮沸1小时,沉淀后用上清液	用于鸽舍、料槽、用具等的消毒 受潮则失去消毒力,故须保存于干燥处
漂白粉(含氯石灰)	灰白色粉末,有氯臭及盐味,微溶于水。遇酸及久置空气中易分解失效。可杀死细菌、病毒及芽孢,有除臭作用	0.5%溶液用于用具、食具消毒; 10%～20%溶液用于鸽舍、场地、粪便、运输工具、水井 粉末用于粪尿消毒	用具、鸽舍、土壤、粪便及车辆运输工具的消毒。但不能用于金属制品和有色棉织品的消毒。应现配现用。应密闭放于冷暗、干燥处保存,切不可与易燃、易爆物放在一起

续表

药物名称	性状及作用	使用浓度	应用范围及注意事项
二氯异氰尿酸钠	白色粉末，易溶于水。性状稳定、易保存。对细菌、病毒均有杀灭作用	1∶（100～200）溶液用于鸽舍、地面、用具喷洒消毒 1∶400溶液用于消毒种蛋、用具、器皿等	同漂白粉
氢氧化钠（苛性钠/烧碱）	白色块状，在空气中易潮解，有强烈的腐蚀性与刺激性。对细菌、芽孢和病毒均有强大的杀灭能力	1% ～ 2% 或用1%～2%热溶液加5%生石灰合用	用于消毒被病原微生物污染的鸽舍、场地和用具。消毒时，应当将鸽子驱出鸽舍，消毒后间隔半天，用清水冲洗地面、用具等，再放入鸽子。切勿将药液洒到鸽体表
高锰酸钾	黑紫色结晶，有金属光泽，溶于水，为强氧化剂。与有机物或易燃物混合时易发生爆炸	0.1%～0.5%	清洗创伤或腹腔黏膜，饮水防病，或与福尔马林一起混合用于熏蒸消毒鸽舍。应现配现用

续表

药物名称	性状及作用	使用浓度	应用范围及注意事项
福尔马林（甲醛溶液）	含40%甲醛，为无色透明液体，有刺激性臭味，杀菌作用强，能杀死细菌、芽孢和多种病毒	5%～10%、10%～20%；鸽舍、孵化器及槽具熏蒸：25毫升/立方米 种蛋熏蒸，15毫升/立方米，20～30分钟	低浓度的可用作鸽舍和孵化箱等用具消毒，高浓度可杀死芽孢。在密闭式鸽舍内，常用甲醛熏蒸消毒孵化器、槽具及种蛋等。消毒后要打开门窗通风，避免与动物体接触。已开始孵化的种蛋不能熏蒸

(三)肉鸽主要疾病及其防治

1. 肉鸽的病毒性传染病

(1)鸽新城疫

又称为鸽Ⅰ型副粘病毒病，俗称鸽瘟。它对养鸽业的危害极大，是一种高度接触性，急性败血型传染病。其特征是下痢，震颤，单侧或双侧性麻痹，在慢性及流行性后期，往往可见到扭头和歪颈。该病的病原是鸽Ⅰ型副粘病毒，与鸡的Ⅰ型病毒同为一属，具有高度交叉免疫原性，鸡可感染鸽，而感染鸽不引起鸡发病。

①流行特点

鸽对本病不分品种和年龄均易感，传播速度快，发病率可高达80%～90%，死亡率依年龄和不同饲养条件而有差异，一般在20%～28%。发病没有明显的季节性，一年四季均可发病、流行。主要传染源为从疫区引进的带病种鸽，此外患新城疫的鸡群及野鸟也可把本病带入鸽群。其传染途径包括消化道、呼吸道、眼结膜、创伤和泌尿生殖道。

②临床症状

鸽感染新城疫后，潜伏期1～10天，症状没有鸡典型。临诊症状以下痢和神经症状为主。由于潜伏期较长，鸽群中开始个别鸽出现症状，间隔几天之后，鸽群陆续分批发病，病后1周开始死亡。病初鸽精神委顿，羽毛蓬松逆立，垂头缩颈，厌食喜饮，一翅或两翅下垂，脚麻痹。病鸽普遍排黄绿色水样稀粪，肛门周围粘有绿粪。有的出现眼结膜炎或眼球炎，呼吸困难，鼻有分泌物。部分病鸽发生严重呕吐，临死前吐黄水，病程5～7天；5%～10%的病鸽出现神经症状，头颈颤抖或歪斜，后仰，阵发性痉挛和头颈角弓反张，行走困难，共济失调，甚至瘫痪，最后因全身麻痹不能采食或缺水衰竭导致死亡。

③病理变化

从病鸽的剖检中，发病初期急性死亡的病理变化不明显，个别鸽在其颈部皮下、脑、腺胃、十二指肠等处有不同程度的出血。中后期死亡的鸽，主要病变在消化道和呼吸道，各组织器官充血，出血较为典型，尤其是腺胃乳头呈现弥漫性出血，肌胃呈现条状出血，十二指肠，直肠有弥漫性出血，输卵管，泄殖腔出血。

肝脾肿大，肾苍白肿大，心肌出血等。

④防治措施

本病目前无特效药治疗，只是当本病与某些病混合感染时，用药能减轻症状和减少死亡。预防本病时，应注意从非疫区引进种鸽，且必须隔离检疫 1 个月以上，才能引进本场鸽群。鸽场应尽量与鸡场分开，不宜混场饲养。同时，鸽场必须加强鸽群的饲养管理，喂以营养充足的食料，减少应激因素，以提高鸽的体质和抗病能力，与此同时应当采取严格的综合防疫措施，首先是重视消毒隔离工作，防止病原的入侵，并制定切实可行的免疫程序，定期进行疫情监测和免疫接种，这是预防鸽瘟的关键措施，具体的接种分为二类：一是接种抗体；二是接种疫苗。前者适用于疫情初期或受到威胁的鸽群，其有效期仅 7～14 天，有迅速控制疫情的作用，不宜作平时的预防措施，后者适用于正常时期，尤其适用于本病的多发区。常用疫苗为鸽Ⅰ型副粘病毒灭活疫苗，采用颈部皮下接种，接种后经 3～4 周可获得较高的免疫力。接种 1 次即有良好的免疫力。乳、幼鸽在第一次免疫接种后 1 个月，再免疫接种 1 次，老鸽每年可重复接种 1 次。其使用的效果是否理想，与疫苗的选用及免疫程序是否适宜有很大的关系。

(2)鸽痘

本病是由鸽痘病毒引起的一种常见的病毒性传染病，又称为传染性上皮瘤、皮肤疮、头疮和禽白喉，是四种主要禽痘之一，对鸽子有严重的危害。主要特征是在皮肤的无毛或少毛部位及口腔、咽喉黏膜处出现典型的痘痂，或在喙部及喉部形成一层黄色干酪样伪膜。

1)流行特点

鸽痘呈世界性分布,凡是养鸽的地方,都有该病流行。本病对肉鸽群会造成严重的威胁,尤其是2～3周龄的乳鸽和体弱的成鸽对本病特别敏感,严重的地方发病率可达80%,死亡率可达10%左右;童鸽也易发生;成鸽则发生较少,如有感染也往往症状不明显。病鸽康复后可产生免疫不再发病,但仍带有病毒而成为传染源。此病不受季节影响,但通常流行的季节为春末、夏季和秋初,这与气候闷热、蚊虫叮咬有关。该病主要的传播途径包括:通过痂皮,唾液,鼻腔分泌物和泪液传播;吸血昆虫(蚊、虻、蜱、螨、虱)则是重要的传播媒介;鸽子接触污染的饲料、饮水、保健砂和尘埃感染,也可以通过带毒的家禽及野鸽、野鸟传播。

2)临床症状

该病自然感染潜伏期为4～10天,病程3～4周,严重流行时可持续5～7周。根据痘疹发生的部位不同,可将痘病分为皮肤型(干燥型)、黏膜型(白喉型)、混合型及很少见的败血型四种。

①皮肤型:也有称为干燥型,主要症状表现为眼睑、嘴角、鼻瘤、肛门、脚、腿上长出特殊的痘疹,开始为灰白色的小结节,并很快增大,变成棕褐色。附近的结节相互融合,最后形成黑褐色痂皮的赘生物。剥去痂皮,出现出血性病灶。若有细菌感染会使痘痂化脓,一般痘痂3～4周后干枯而自行脱落,留下一平滑灰白色的瘢痕。本型病鸽精神不振,毛松,食欲下降或废绝,闭眼呆立,反应迟钝,行走困难,不死的可逐渐康复,但生长、发育受阻。

②黏膜型：又称为白喉型，病变通常发生于喙部口腔和喉(咽)部的黏膜上，最初为黄白色小结节，不断增大而融合后，最后形成黄白色干酪样的伪膜，恶臭，不易剥落，剥离后则露出糜烂、出血的病灶。有时也可在眼睑边缘和眼睑内发生，眼结膜弥漫性潮红、肿胀和分泌物增多，随着病情进一步发展，分泌物由浆液性变成黏液性、脓性，甚至变成干酪样的块状物，影响视力，有的上下眼睑粘连，眼部肿大向外凸，进而失明。口腔的痘疮还可下行蔓延至喉头及食道的上段，严重影响采食和饮水，最后常死于饥饿，病程较皮肤型短。若有细菌感染，则喉部发炎，伪膜增厚而障碍饮食，呼吸也受很大影响，有的只能因此引起窒息死亡。

③混合型：有时本病的上述两型同时发生，这种病型常称为"痘血喉"或叫混合型，病情往往较单型的严重，死亡率较高，危害也较大。

3)病理变化

外表上肉眼变化为临床易见症状，内部表现黏膜上出现痘疹，内脏器官无特征性病变。

4)防治措施

①预防

a. 接种鸽痘弱毒疫苗：一般在春末流行季节前接种。一般接种乳鸽和童鸽，1 日龄的乳鸽就可开始接种，接种后 7～10 天，检查刺种部位是否出现痘疹和结痂，有反应者表明接种成功，若过 10 天仍无反应，应重新接种。接种疫苗后的鸽子应予隔离饲养，以防传播。一般接种鸽痘弱毒疫苗后 10～14 天便可产生坚强的免疫力，经 9 个月仍能抵御强毒攻击。

b. 加强饲养管理，改善环境条件，定期消毒，清除积水，消灭蚊子都是预防本病发生的有力措施。因而要经常清除鸽舍周围的杂草及小水坑，并对舍内外阴沟及角落喷洒敌敌畏(0.05%～0.1%)消灭蚊蝇，以清除蚊子等传播鸽痘病毒的媒介昆虫。

②治疗

对于痘病毒目前尚无特效疗法，治疗原则主要是防止继发感染，只要能控制本病发痘部位不受感染、不发炎，则死亡的不多。除对病鸽及时隔离外，可采取下列措施治疗：用镊子或剪刀剥去痘痂，用2%～4%的硼酸水洗涤，再涂上碘酊或紫药水，未干枯的痘可用烧红的小铁片进行烧烙。对喉部的伪膜(沉积物)小心除去后，再用稀碘液清洗患部；口腔病变涂碘甘油；皮肤患部涂碘酊或鱼石脂软膏均可。为防止细菌继发感染，可在饲料或饮水中加抗菌药，如0.04%金霉素、或四环素。在保键砂和饮水中添加多种维生素，尤其是维生素A，以增强鸽的抵抗力，保护皮肤和促进伤口愈合。

对大群肉鸽的治疗，可用病毒灵(盐酸吗啉双胍)原粉，按每100只鸽子2.5～5克剂量饮水或拌料，连用3～5日；或口服每只0.01克，每日3次，连服5日。

(3)鸽流感

鸽流感是鸽流行性感冒的简称，是禽流感中的一种，是由A型流感病毒引起的鸽的一种以隐性感染为主的接触性传染病，本病的主要特征为患鸽的头、颈、胸部水肿和眼结膜炎。

①流行特点

各种年龄的鸽都易发生本病，其中2～4月龄的幼鸽在秋季容易患病，且发病率高，传播快，往往呈暴发性流行。该病一年四季均可发生，但于气温转变时期发生较多，特别是在骤冷、骤热，鸽舍内外温度差过大时最易发生，饲养密度过大、通风不良也是本病发生的诱因。病鸽和感染 A 型流感病毒的禽类都可成为传染源，其中候鸟和野鸭的扩散传播力最强。感染禽可通过分泌物、排泄物向外排毒，再通过空气、消化道或接触而造成本病的流行。

②临床症状

该病潜伏期一般为 3～5 天。开始时病鸽常无先兆性症状而突然死亡。病程稍长的会出现体温升高(44℃以上)，精神不振，食欲下降，活动少，羽毛蔓乱，逐渐消瘦，继而出现流鼻液、咳嗽等感冒症状。病鸽两眼肿胀，并流出胶状分泌物，有的病鸽两眼睑被黏液粘连。因呼吸急促发出啰音，有的呼吸困难，严重的可窒息死亡。常扭动脖子，羽毛蓬松，双足冰冷，因怕冷而蜷缩于鸽舍一角。有的头部、颈和胸部水肿。有的出现灰绿色或红色下痢。慢性经过的以咳嗽、喷嚏、呼吸困难等呼吸道症状为特征。

③病理变化

剖检可见有不同程度的充血和出血。病程短的，一般可见胸骨内侧及胸肌、心包膜有出血点，有时腹膜、嗉囊、肠系膜、腹脂与呼吸道黏膜有少量出血点。病程较长的，颈部和胸部皮下水肿，有的蔓延至咽喉部周围的组织，水肿部位皮下有胶样浸润。眼结膜肿胀，肾混浊肿胀，灰棕色或黑棕色并有小的黄色坏死灶。腺胃与肌胃交界处的黏膜也有点状出血。肺充血或小点出血以及肝、脾均有小的黄色坏死灶，卵巢与输卵管充血或出血。

④防治措施

a. 预防

预防本病目前尚无疫苗，还应从加强饲养管理着手，保持合理的密度，对不同日龄的鸽应分开饲养，并做到饲养室通风良好，阳光充足，清洁干燥，做好防寒保温工作。不从有本病疫情的鸽场甚至地区引进新鸽。如发现附近场有本病发生，应该立即采取严密封锁消毒工作。本场发现疫情时应果断采取全群扑杀处理，并立即严密封锁场地，进行全面彻底消毒，同时报告疫情。

b. 治疗

禽流感是属一类传染病，病鸽不允许治疗，应立即扑杀，污染群也应做紧急处理。

2. 肉鸽的细菌性传染病

(1)鸽巴氏杆菌病

本病又称为鸽霍乱、鸽出血性败血症、鸽伪结核病，是由多杀性巴氏杆菌引起的一种急性败血性传染病，是多种畜禽共患的细菌病，其特征为突然发生、下痢、败血症和高死亡率。本病在我国肉鸽群中时有发生、流行，已成为鸽的一种常见病。

1)流行特点

各种禽类都能感染，鸽群中乳鸽和童鸽发病多，青年鸽较少发生，老龄鸽几乎不发生。本病为条件性传染病，饲养管理条件突然改变，密度较大、通风不良、气候剧变、营养不良、转群及重新组群时，往往导致鸽的抵抗力降低，病原菌毒力增强，引起本病发生。夏末初秋多发。主要的传染源是病禽和病鸽,传播途径主要是呼吸道、消化道和创伤。

2)临床症状

本病潜伏期为2～9天。临床上可分为三种类型:

①最急性型:多见于流行之初,常突然发病,迅速死亡。死前多有骤然乱跳、拍翅等挣扎动作或尖叫。

②急性型:此型最常见。病程常在1～3天。病鸽主要表现精神差,缩颈闭眼,弓背垂翼,离群呆立,不爱活动,羽毛脏乱,食欲减少甚至废绝,体温高达42℃以上,口渴,因频频喝水,往往会造成嗉囊胀大,口腔黏液增多,倒提患鸽则流出带泡沫的黄色黏稠液体。眼结膜发炎,鼻瘤灰白,喙、眼、鼻瘤等处潮湿且污脏,多数病鸽伴有下痢,粪便稀烂、恶臭,呈铜绿色、黄绿色或棕绿色,最后衰竭、昏迷而死。

③慢性型:多为急性病例转化而来,常见于急性发病之后及流行后期。表现逐渐消瘦、衰竭,精神萎靡,贫血,关节发炎肿胀,跛行,出现慢性呼吸道症状、持续腹泻,病程长的可达1个月左右。

3)病理变化

剖检最急性型病例常无显著变化,或偶见心外膜有疏落的针尖大出血点。急性型病例可见肌肉、血液呈暗褐色,皮下组织和腹腔脂肪、肠系膜、生殖器管等处有大小不等的出血点。心外膜及心冠脂肪有针尖大出血点,肝肿大,有针头大小的灰白色坏死点,此乃本病的特征性病变。胸腔和腹腔尤其是气囊与肠浆膜上,常有纤维性或干酪样灰白色渗出物,肠上覆有一层黄色纤维点。慢性型病例主要表现关节肿大,关节囊增厚、变形,跛行。

4)防治措施

①预防:首先应加强饲养管理,不从外地引进病鸽,坚持自繁自养。若从外地引进鸽只,必须隔离观察10～30天,确认无病方可引进鸽群。发现附近鸽场发生本病时,肉鸽舍防止外来飞鸟进入,并投药预防。本场发现病鸽,应及时采取封锁、隔离、治疗、消毒等有效防治措施,尽快扑灭疫情。对病死鸽要深埋或烧毁,彻底消毒鸽舍、笼具;鸽群绝对不能与鸡、鸭等家禽混养,还要远离其他禽或鸟类。

目前尚无鸽巴氏杆菌病的专用疫苗。对健康受威胁的鸽群可用禽霍乱氢氧化铝菌苗进行预防接种。药物预防可选用庆大霉素,每1升饮水中加入10万单位,连用5～7天;或环丙沙星混饲,每100千克饲料7.5克,连喂2～3天。

②治疗:对已发生本病的鸽群,可使用下列药物:

a. 环丙沙星、恩诺沙星,肌内注射,每1千克体重,成鸽5～10毫克,每日1～2次,连用2～3日。或混饮,每1升水,50～75毫克,连用3～5日。此外,诺氟沙星、氧氟沙星、沙拉沙星均可使用。

b. 庆大-小诺霉素,肌内注射,每1千克体重,成鸽2～4毫克,每日1～2次,连用2～3日。

c. 氟苯尼考,肌内注射,每1千克体重,成鸽20～30毫克,每日2次,连用3～5日。或混饲,每1千克饲料,100毫克,连用3～5日。此外,甲砜霉素亦可使用。

d. 多西环素,混饮,每1升水,200毫克,连用5～7日。

(2)鸽副伤寒

本病又称为鸽的沙门氏菌病,是由鼠伤寒沙门氏菌哥本哈根变种引起的一种急性发热性败血病，也是引起肉鸽死亡的主要疾病之一。病鸽的特征性症状为关节炎、下痢及运动神经障碍。

1)流行特点

各种年龄的肉鸽都可发病，但以幼鸽和青年鸽发病率高，死亡率也高，成鸽一般不会致死，但治愈后往往成为永久带菌者，从粪便中排出病菌而危害鸽群。当鸽处于应激状态，如气候剧变，长途运输，受惊，饲料变质，营养不良，特别是阴雨低温更易导致本病发生。本病常与鸽新城疫、毛滴虫病、败血支原体病合并发生，以致造成更为严重的损失。病鸽、康复鸽是主要的传染源。主要通过蛋及消化道传染，因此能导致胚胎死亡和乳鸽发病，通过飞尘、飞沫从呼吸道也可感染；此外，带菌、排菌的老鼠、蝇、蚤、蟑螂、犬、猫也都是传播媒介。

2)临床症状

①乳幼鸽：多呈急性败血型，常在孵出后数天内发生，往往未发现明显症状就死亡。一般病鸽表现精神萎靡，食欲减退或消失，口渴，呼吸加快。呆立，低头闭眼，流眼泪，眼睑浮肿，鼻瘤失去光泽，翅下垂，怕冷。拉稀，尾部常被粪便污染，粪便呈绿色并带恶臭，周围有泡沫状的黏液和水。

②青年鸽与成年鸽：多呈慢性经过，表现下痢带血，消瘦，常有关节肿胀，翅膀和腿麻痹一翅下垂不能飞翔；关节炎多发生于肘关节和胫跖关节，且多呈单侧性，病鸽活动时表现单脚站立，独脚跳跃或短步急行，有的雄鸽还有单侧性睾丸炎，睾丸一侧肿大，或见点状坏死灶。有些病鸽还见运动失调，步态蹒跚，打滚，歪头，头颈扭转等神经症状。

3)病理变化

急性病例往往无明显的病理变化。一般可见肝、脾、肾肿大、出血,并有针尖状灰白色坏死点或出血条纹,病程较长的,则出现肠黏膜坏死或充血、出血性炎症,心包发炎。关节炎最常发生于翼关节,而且皮下软组织肿胀明显;关节液增多,黏稠淡黄色,或带微浊。眼睑肿胀,结膜发炎。在舌根、口腔与上腭都有黄绿色纤维蛋白沉积。成年鸽急性感染时表现为肝、脾和肾的充血与肿胀,以及出血性或坏死性肠炎、心包炎与腹膜炎。产蛋鸽的病变可见输卵管有坏死性和增生性病变,以及卵巢有化脓性和坏死性病变,晚期病例还常见到鸽体消瘦脱水,卵黄凝固等病变。

4)防治措施

①预防:注意环境卫生和消毒,重视杀虫灭鼠;加强饲养管理,饲料、饮水、保健砂不能被鼠类及病鸽的粪便污染;不要从有本病的鸽场引入种鸽,必须引进时,应隔离观察检疫;鸽群最好不要与家禽混养,也不能相邻饲养。患过本病的雏鸽,不能留作种用,以防经鸽蛋传播。发现病鸽要立即隔离,全场消毒,一般可用20%新鲜石灰乳消毒地板、鸽笼、粪便等,每天1次。

②治疗:药物治疗可以减少死亡,控制疾病的发展和传播,但不能消除鸽体内的病原菌。选用下列的药品,都有一定的疗效。其余的药物治疗可参考鸽霍乱的相关内容。应用抗菌药物控制鸽副伤寒时应注意,如有条件,应定期对发病(死)鸽进行病菌分离,并作药敏试验,选择最敏感药物用于全群防治。同时应避免一种药物使用时间过长,应定期更换药物,或联合用药,以避免耐药菌株的出现。

a. 诺氟沙星，混饲，每 1 千克饲料，75～100 毫克，连用 3～5 日。此外，环丙沙星、恩诺沙星、氧氟沙星、沙拉沙星均可使用。

b. 金霉素，混饲，每只，成鸽 7.5 毫克，每日 2 次，连用 5～7 日。

c. 个别严重病例，卡那霉素或庆大霉素，肌内注射，每 1 千克体重，10～30 毫克，每日 2 次，连用 5 日。

d. 其他药物，如多西环素、土霉素、氟苯尼考、阿莫西林、头孢噻呋等均可应用。

(3)鸽大肠杆菌病

鸽大肠杆菌病是由大肠埃希氏菌(通常称为大肠肝菌)引起的一类疾病，它包括大肠杆菌肉芽肿和大肠杆菌腹膜炎、滑膜炎、脐炎、脑炎、输卵管炎，还有大肠肝硬化急性败血症。多见于家禽和鸟类，哺乳动物及人均可感染本病，鸽子也不例外，也易得病。

1)流行特点

鸽大肠杆菌病在我国南方地区鸽群中常年可发生，几乎各种年龄的鸽均可感染发病，但幼鸽与青年鸽发病率较高，其次是种鸽。病鸽和带菌鸽是本病的主要传染源，病原菌随粪便排出污染环境、扩散。房舍、场地、用具、饲料、水源、垫料、保健砂等均可被污染，从而通过消化道、呼吸道传播；种蛋在形成与产蛋过程中也可被污染，从而感染胚胎和胎儿；感染的公母鸽在交配时也能互相传染，从而引发带菌蛋和大肠杆菌性输卵管炎，成为垂直传播。

2)临床症状

潜伏期约数小时至3天。常见的有以下几种类型:

①急性败血症:病鸽表现精神沉郁,食欲、饮欲减少或废绝,羽毛松乱,呆立一旁,流泪,流涕,呼吸困难,排黄白色或黄绿色稀粪,全身衰竭。最急性病例突然死亡,有的临死前出现仰头、扭头等神经症状。鸽群发生本型大肠杆菌病时,全群鸽子通常不是一起出现症状,而是陆续发病死亡,每天死几只,持续较长时间;同时该型的致病菌株对常用抗菌药物大都有耐药性,因而死亡率较高,在日龄较低、饲养管理不善,治疗药物无效的情况下,累计死亡率可达50%以上。

②大肠杆菌性肉芽肿型:此类型没有特征性临床表现。

③其他类型:均是由大肠杆菌的局部感染引起的。如腹膜炎,一般以母鸽的卵黄性腹膜炎为多,以大肠杆菌破坏卵巢造成蛋黄进入腹腔而导致腹膜炎较为常见;又如脐炎,主要是大肠杆菌与其他病菌混合感染造成的雏鸽脐炎,出雏提前,脐带断端愈合不良,引起感染导致局部红肿发炎。

3)病理变化

①急性败血型:病鸽剖检可见胸肌丰满、潮红,嗉囊内常充满饲料,发出腐败的臭味,有时可见腹腔积液,液体透明、淡黄色。肠黏膜充血、出血,脾脏肿大,色泽变深。肛门周围有粪污。但具特征性的病变为心包、肝周及气囊壁覆盖有淡黄色或灰黄色纤维素性分泌物,肝脏质地较坚实,有时呈古铜色变化。

②大肠杆菌性肉芽肿型:明显的肉眼变化是胸、腹腔、脏器出现大小不等、近似枇杷状的增生物,有的呈弥漫性散布,有时则密集成团,灰白、红、紫红、黑红色不等,切开可见干酪样内容物,各脏器有不同程度炎症。

③其他类型：主要表现为局灶性炎症并呈化脓、坏死、干酪样渗出等变化。如腹膜炎可见腹水较多，腹腔内布满蛋黄凝固的碎块，使肠系膜及肠相互粘连，卵泡充血、出血，有的萎缩坏死。

4)防治措施

①预防：可接种禽大肠杆菌多价苗专进行预防。并尽可能选用相应的血清型的灭活菌苗；平时做好兽医卫生防疫工作，加强饲养管理以及定期投喂抗菌药。

②治疗：治疗本病的药品很多，如氟喹诺酮类的诺氟沙星、恩诺沙星、环丙沙星，氨其糖苷类的庆大霉素、阿米卡星、新霉素等，但目前大肠杆菌的耐药问题较突出，常导致治疗效果不佳或无效。实践中可根据药敏试验选用下列药物：

a. 恩诺沙星，混饮，每 1 升水，50～75 毫克，连用 3～5 日。雏鸽出壳后饮 5 天，3 天后再饮 5 天。诺氟沙星、氧氟沙星、沙拉沙星亦可使用。

b. 环丙沙星＋氨苄青霉素，混饮，每 1 升水，环丙沙星 75 毫克，氨苄青霉素 200 毫克，连用 4～5 日。

c. 链霉素，肌内注射，每只，成鸽 20～40 毫克，幼鸽 10～30 毫克，每日 2 次，连用 2～3 日。

d. 四环素类(四环素、金霉素、土霉素、多西环素)，混饲，每 1 千克饲料，100～200 毫克，连用 2～4 日。混饮，每 1 升水，50～100 毫克，连用 2～4 日。

e. 此外，阿莫西林、庆大霉素、壮观霉素、新霉素、氟苯尼考等均有疗效，可选用或交替使用。

(4)鸽传染性鼻炎

鸽传染性鼻炎是由禽嗜血杆菌引起的一种慢性上呼吸道传染病，以眼、鼻黏膜发生炎症为主要特征。

1）流行特点

本病在秋、冬寒冷季节极易发生。气候突变，鸽舍通风不良，鸽群拥挤等应激因素都可诱发本病。本病主要是吸入含有此菌的飞沫而感染，通过污染的饲料、饮水和用具也能感染。本病传播极快，常与鸽痘、维生素缺乏症、喉气管炎等同时出现。

2）临床症状

潜伏期1～3天。病初流清水样鼻液，稍后为黏液性，干后在鼻孔周围结成黄色奶酪样渗出物。病鸽呼吸困难，一侧或两侧眼结膜发炎，并有黏性脓性分泌物。眼睑极度肿胀，头如鹦鹉状。病鸽食欲减退或废绝，死亡率为20%左右，多数病鸽可康复，但成为带菌者。

3）病理变化

剖检可见鼻腔、鼻窦黏膜充血、肿胀，气管黏膜充血、出血、水肿、肺充血。

4）防治措施

①预防：加强鸽舍的卫生管理工作，防止病原菌传入，有应激因素时，用抗菌药物预防，尽量避免应激。

②治疗

a. 链霉素（或壮观霉素、庆大霉素），肌内注射，每1千克体重，100毫克，每日2次，连用3～5日。

b. 金霉素或土霉素，混饲，每1千克饲料，400～800毫克，连用4日。

c. 多西环素＋TMP，混饲，每1千克饲料，多西环素100～

200毫克,TMP25～50毫克,连用3日。

(5)鸽溃疡性肠炎

鸽溃疡性肠炎是由肠道梭菌引起的一种急性、细菌性肠道传染病。因最早发生于鹌鹑,所以又名“鹌鹑病”。其特征为下痢和肝、脾坏死,肠溃疡性变化,呈地方流行。

1)流行特点

各种品系鸽均可感染,幼鸽更易感,青年鸽及成年鸽较少发生。一年四季均可发生,南方地区每年3～6月份的梅雨季节、潮湿天气时发病多。病鸽和带菌鸽为主要传染源,苍蝇是本病的传播媒介。主要通过消化道传染,鸽子吃了受污染的饲料、饮水后经消化道而感染。鸽场一经病原菌的污染就很难根除,从而形成年复一年的发生呈地方流行。

2)临床症状

雏鸽多突然发病死亡,见不到明显症状或仅见嗉囊胀满食物。非急性病例可见精神委顿,食欲退减或废绝,饮欲增加,腹部膨大,羽毛松乱无光,下痢,初排白色水样稀粪,后转为绿色或暗黑色,呈黏稠的糊状且带恶臭,肛门周围和下腹部沾满污粪,脚干枯,日见消瘦,严重时步态不稳。一般为7～10天左右死亡。

3)病理变化

急性死亡的鸽,剖检一般只见肠道黏膜出血性炎症,未见坏死灶形成。非急性病例的特征性病变在肠道、肝和脾,剖检可见整个肠道有严重的出血性坏死灶,小肠和盲肠有边缘出血的黄色坏死。面积较大时,坏死物剥离后可见的溃疡面呈圆形或扁圆形。较深的溃疡可引起肠壁穿孔,并发生腹膜炎和肠粘连,十二指肠严重出血。肝脏可见淡黄色斑点状坏死或灰黄色的小病灶。脾充血、肿大，呈黑褐色，偶而有坏死灶。

4)防治措施

①预防：关键是要贯彻日常的综合防疫措施，搞好鸽场舍内外、笼内外的环境卫生，做好消毒工作，鸽、鸡和鹌鹑分开饲养，鸽舍、饲料、饮水保持清洁卫生，及时清除粪便，病鸽隔离治疗等。必要时可进行定期的预防性投药，尽可能防止本病的发生。

②治疗：本病治疗药物较多，均有一定的疗效。

a. 青霉素＋链霉素，混饮，每只鸽，青霉素 1 万单位，链霉素 3 万单位，连用 3～5 日。

b. 青霉素＋链霉素＋庆大霉素，肌内注射或口服，每只鸽，青霉素 1 万单位，链霉素 3 万～5 万单位，庆大霉素 0.8 万～1 万单位，每日 2 次，连用 3～5 日。

c. 杆菌肽，混饲，每 1 千克饲料，100 毫克，连用 3～5 日

(6)鸽丹毒

鸽丹毒是由猪红斑丹毒丝菌引起的一种接触性、急性败血性传染病，是一种人、畜、禽共患的传染病，其他禽类如鸭、鸡、鹅、鱼等都易感，在哺乳动物中猪、绵羊最易感染。

①流行特点：本病多为散发，病鸽和带菌鸽及其他禽类，被污染的鸽舍、场地、饲料、饮水都是主要的传染源，用带菌的鱼粉、其他动物体制成的骨粉喂鸽，也可发生本病。蝇、蚊及其他吸血昆虫以及病鼠都是传染本病的媒介。主要传播途径是消化道及损伤的皮肤。

②临床症状：鸽感染此病后，精神萎顿，食欲不振，呼吸困难，头部肿胀，离群独处，体温升高到 42℃以上。皮肤、黏膜发

绀，呈紫色或蓝紫色，鼻及喉头黏膜充血或溃疡，排黄绿色稀粪。有时关节肿大，两脚麻痹。一般呈急性经过，常在1～3天内死亡。

③病理变化：呈现典型的败血症变化，其特征是，全身器官组织，尤其是胸、腹、腿部肌肉、胸膜、心内外膜、脾、肺、肾包膜下有淤血斑或弥漫性充血或出血。另见肝、脾肿大、质脆、出血，有的病例肝表面有灰白色坏死灶。有关节炎时，可见关节囊内有纤维素性渗出物。

④防治措施

a. 预防：平时应加强饲养管理，保持环境清洁卫生，工作人员应避免进入感染丹毒动物的地区，鸽舍应远离猪舍或严密隔离，以减少丹毒的传播。当本地发生此病时，应立即对鸽舍及环境、用具等进行彻底消毒，对发现的病鸽，立即隔离治疗，并对整个鸽群进行预防性用药，结合其他有效措施，严控此病的传播蔓延。

b. 治疗：本病用青霉素治疗效果最好。肌内注射，每只2.5万～5万单位，每日2次，连用3日。另外，阿莫西林、红霉素、金霉素、四环素也有显著疗效。

(7)鸽链球菌病

包括鸽在内的家禽链球菌病，又叫睡眠病，是由兽疫链球菌及非化脓性有荚膜链球菌引起的一种急性败血性传染病。临床以疲乏无力、高度昏睡、持续下痢及皮下、全身浆膜水肿、出血为特征。

1)流行特点

常呈散发与地方流行，各种家禽均易感。本病的发生、流行与应激因素有关，如气候变化、气温骤变、环境污秽、尘土飞扬、阴暗潮湿、密度过大、体况不良等均可引发本病。传播途径主要是呼吸道、消化道、皮肤与黏膜损伤。康复鸽和病鸽可带菌，并且由它传给健康鸽群。

2）临床症状

①最急性病例：仅出现短暂抽搐，而后死亡，无其他明显症状。

②急性病例：病程 1～3 天，表现乏力，呈昏睡状，羽毛松乱无光，缩颈怕冷，食欲减退或废绝，濒死时出现痉挛或角弓反张等症状。

③慢性病例：症状发展缓慢，表现精神不振，食欲减退，羽毛蓬松，头下垂，闭眼，昏睡，呼吸困难，持续性下痢，少数发生结膜炎。很快消瘦，病愈则长期带菌。如不治疗，终归死亡。

3）病理变化

病死鸽剖检主要出现败血症变化，全身皮下结缔组织、肌肉及浆膜出血、水肿，心包腔、腹腔内积有胶冻状或黄白色纤维素性渗出物，肺、肾充血、出血，心外膜出血。肝脏呈土黄色，稍肿，有的可见红色或浅红色病灶，散在灰白色小点坏死灶。脾肿大，充血；肺充血、出血。慢性病例高度消瘦，其主要病变为肠壁增厚，黏膜出血，下颌骨间形成脓肿。

4）防治措施

①预防：目前我国仍无有效疫苗用于免疫预防，主要应该加强平时的综合性防疫措施，注意舍内的通风换气，及环境卫生，做到经常清除鸽舍的污秽不洁物，定期进行消毒。康复的病鸽不能做种用，亦不能和健康鸽群合群饲养。

②治疗:链球菌病应及早用药,疗效良好,随着病程的发展,则疗效下降。对慢性病例,考虑淘汰为宜,留存利少弊多。有些链球菌还产生耐药性,有条件者最好分离细菌进行药敏试验,选择最敏感药物治疗效果更理想。常用的治疗药物包括青霉素、阿莫西林、红霉素、金霉素、诺氟沙星、恩诺沙星等。

a. 青霉素,肌内注射,每只鸽,1 万～2 万单位,每日 2 次,连用 3～5 日。

b. 红霉素,混饮,每 1 升水,100 毫克,连用 3～5 日。

c. 恩诺沙星,混饮,每 1 升水,50 毫克,连用 3～5 日。

(8)鸽葡萄球菌病

鸽葡萄球菌病是由金黄色葡萄球菌引起的一种非接触性传染病,临床上以化脓性关节炎、皮炎、滑膜炎为主要特征。幼鸽感染引起急性症状,青年鸽及成鸽多为慢性局部炎症。

1)流行特点

几乎所有禽类、哺乳动物均易感,感染率与环境卫生、皮肤与黏膜完整性、饲养密度有关。一年四季均可发生,但在阴雨、潮湿季节多发,通常笼养的发病多,拥挤的发病多,卫生差的发病多。损伤的皮肤、黏膜是细菌入侵的门户。

2)临床症状

①急性败血型:病鸽体温升高,精神萎靡不振,食欲减退或废绝,呆立一角或蹲伏,呈昏睡状。胸、腹部和大腿内侧皮下浮肿,按压有波动感,局部羽毛易脱落。皮肤脓肿破溃后流出茶色或紫黑色液体,有的皮肤有出血点、坏死、干痂,有的拉灰白色或黄绿色稀粪。病鸽多在发病 2～5 天内死亡。

②关节炎型:多发生于幼鸽,常突然发病,不能站立,驱赶时

行走不稳。关节肿胀、疼痛，卧伏于地，采食、饮水困难，进行性消瘦，最后衰竭死亡。有的趾底部肿胀呈瘤状。

③脐炎型：多发生于新出壳的雏鸽，因脐部闭合不全而感染，脐孔部发炎肿胀，腹部膨大，局部发硬呈黄红色或紫黑色，俗称“大肚脐”病，精神萎靡，眼半闭，最后多死亡。

④眼炎型：上下眼睑肿胀、闭眼，眼内充满脓性分泌物而发生粘连。眼结膜红肿，有的有肉芽肿，最后失明、衰竭死亡。

3)病理变化

急性败血型病例的病变主要在胸部，胸、腹部羽毛脱落，呈紫黑色浮肿，剖开胸腹腔可见紫黑色或红黄色水肿液。全身组织、肌肉有出血斑与条纹状出血，有的有坏死灶；肝脏肿大呈土黄色，脾脏肿大呈紫红色，有的有灰白色坏死灶。关节炎型病例可见关节肿大，滑膜增厚、充血或出血，关节囊内有纤维素性渗出物，病程长的呈干酪物样。

4)防治措施

①预防：主要措施是卫生消毒和避免鸽皮肤的破损，减少外伤性感染，同时对鸽舍进行全面消毒。

②治疗：严重病鸽应及时淘汰，轻者可行单独隔离饲养，并用药物治疗。若发病多，应全群投药防治。最好根据分离菌的药敏试验结果进行。常用的治疗药物如下：

a. 青霉素，肌内注射，每只成鸽，3 万～4 万单位，每日 1 次，连用 2～3 日。

b. 庆大霉素，肌内注射，每 1 千克体重，3 000～4 000 单位，每日 2 次，连用 2～3 日；病例较少时，肌内注射，每只鸽，2 万～3 万单位，每日 1 次，连用 3 日。

c. 金霉素，口服，每只，50 毫克，连用 2～3 日。

d. 红霉素，混饲，每 1 千克饲料，100～200 毫克，连用 3～5 日。

3. 肉鸽的真菌性及其他传染病

(1)鸽鹅口疮

本病又称为霉(真)菌性口炎或鸽念珠菌病，是禽类常见的由白色念珠菌引起的真菌性传染病，其主要特征是上消化道黏膜形成白色的假膜和溃疡面，有时亦可蔓延至腺胃和肌胃，使肌胃黏膜呈白色增厚和肌胃角质糜烂，尤以咽喉形成黄白色干酪样物为主要特征。

1)流行特点

自然情况下，各种年龄鸽都可感染，以 2 周龄后的乳鸽和 2 月龄内的童鸽最易感染，刚离开亲鸽的童鸽感染后病情最严重，成鸽感染后症状不明显，但成为隐性带菌者。本病主要发生在春末夏初，特别是连续阴雨的天气，我国南方地区在梅雨季节更明显。其主要传播途径是由带菌的亲鸽将病原通过鸽乳传给乳鸽，其次带菌的粪便和被污染的饲料及饮水也会给鸽带来感染，黏膜损伤有利于菌的入侵，也可通过蛋壳传播。同时本病的传染常与鸽舍的潮湿和肮脏有关，发霉饲料和不卫生的水，以及饲养管理不良或某些应激，可诱发流行，造成大批死亡。

2)临床症状

病鸽初期表现精神萎靡，羽毛松乱，缩头闭目。行走迟缓或不愿行动。口腔、咽喉部充血、潮红，分泌物增多，呈黏稠状，病变形成小白点，并扩大到上腭、食道和嗉囊，造成口烂，有时出现溃疡斑，唾液胶黏，呼出气味有恶臭味，然后在口腔咽部形成黄白色干酪状伪膜，可能出现下痢和消瘦。患鸽间有咳嗽，呼吸困难，嗉囊胀大，触诊松软有痛感，压之有气体或带酸臭味的内容物排出。死前还可能出现痉挛症状，病程 5～10 天。

3)病理变化

可见鸽体消瘦，肛门附近羽毛不洁，皮肤不易剥落。食道和嗉囊皱褶变粗，被覆一层灰白色假膜。病情严重时，病变可蔓延至腺胃和肌胃，使肌胃黏膜呈白色增厚和肌胃角质膜糜烂，腺胃黏膜肿胀、出血或发生糜烂，并可能被卡他性或坏死性渗出物覆盖。

4)防治措施

①预防：平时应保持鸽舍干燥和清洁卫生，严禁使用发霉的饲料和不洁的饮水。鸽舍要通风、光亮和干燥，及时排除场内的污水，进行定期消毒；并经常检查鸽的口腔有无本病病变，以便及时发现和采取治疗措施。

②治疗：本病病原对常用抗生素及化学合成抗菌药均不敏感。具体治疗方法如下：首先对症治疗，对有口腔病变的鸽子，把口腔和咽喉的假膜及干酪样物质刮去，于溃疡处涂布碘甘油或撒少量青霉素粉或青霉素油剂，再以下列药物治疗，同时加喂维生素 A、或在鸽群中加喂鱼肝油，对黏膜有良好的保护作用。

a. 制霉菌素，口服，每只成鸽，10 万～15 万单位，每日 2～3 次，连续 5～7 日；严重者按喂服量配成混悬液，先冲洗嗉囊，后灌服，每日 1 次，连续 3 日。

b. 克霉唑，混饲，每只成鸽，2～4 毫克，连续 10～14 日。

c. 两性霉素 B，混饲，每 10 只成鸽，1 克，每日 2～3 次，连续 7～10 日。

(2)鸽曲霉菌病

本病又称为曲霉菌性肺炎，是由烟曲霉菌或黄曲霉菌引起的主要侵害呼吸道的一种多种禽类和包括人在内的哺乳动物共患的真菌性传染病。本病以呼吸困难和下呼吸道出现粟米粒大黄白色节结为主要特征。

①流行特点

人兽均可感染，成鸽抵抗力较强，发病和死亡率较低，主要呈慢性经过，幼鸽和童鸽极易感染，而且死亡率高。本病多发于梅雨季节，当鸽子食入霉变的饲料，导致霉菌进入体内，在体内繁殖并产生毒素危害组织器官。此外，黄曲霉孢子也可通过空气尘埃进入鸽的呼吸道而导致感染。初出壳的雏鸽感染曲霉菌病，主要是由于种蛋在孵化过程中霉菌透过蛋壳而引起的，暴发则常因饲料或垫草被曲霉菌污染所致。过度拥挤、环境潮湿可促使本病的发生。

②临床症状

自然感染潜伏期约 1 周。临诊可见急性型和慢性型。

a. 急性型：雏、幼鸽多发，表现精神萎靡，食欲减退或废绝，羽毛松乱无光，两翼下垂，伏地。呼吸困难，打喷嚏，气喘，流鼻液。病程 3～7 天，之后多死亡。

b. 慢性型：进行性消瘦，出现因缺氧而导致的眼结膜及可视黏膜发绀，口腔黏膜出现溃疡，有白色或黄绿色稀粪，成鸽病程比幼鸽长。

③病理变化

轻者肺部气囊发生炎症，严重者肺实质萎缩，有充血和出血，肺部有粟米粒大至扁豆大的黄白色或灰白色结节，结节切面有菌丝体和绒球状的干酪样物质。气囊壁增厚，有的鸽还出现卡他性的肠炎。

④防治措施

a. 预防：本病预防重点是要抓好防霉、除霉工作，严防使用发霉变质饲料，发霉的垫草要及时清扫晒干，重点做好孵化器（室）和育雏室、贮蛋库的日常卫生消毒工作。

b. 治疗：制霉菌素，口服，每只成鸽，2 万～3 万单位，每日 2 次，连用 3～5 日。大群治疗可按每 100 只鸽 50 万单位剂量混饲，每日 2 次，连用 2 日。

（3）鸟疫

本病又称为衣原体病、鹦鹉热。是由鹦鹉衣原体引起的一种人畜共患接触性传染病。本病在鸽群中传播快，发病率高，可以康复，且康复后具有免疫性。本病的主要特征是：发生单侧或双侧眼结膜炎，鼻炎和下痢。

1）流行特点

各种家禽及 100 多种鸟类均会发生本病。各种品种、年龄鸽均可感染，但以 2～3 周龄幼鸽多发，死亡率达 20%～30%。青年鸽、成年鸽多呈隐性感染，一旦受到应激因素刺激，如长途贩运，过度繁殖，营养缺乏等，也会出现慢性或亚急性病例。通常在每年的 5～7 月和 10～12 月间发生。本病通过摄取被污染的饲料和饮水，喂乳等途径感染，亦可通过呼吸道吸入或被吸血昆虫叮咬而发病，还可经皮肤伤口感染。

2）临床症状

幼鸽感染后多呈急性型，出现精神倦怠，不愿活动，离群独处，食欲减退，饮欲增加，羽毛松乱，严重腹泻，最后因败血症死亡，病死率达80%以上。青年鸽与成年鸽多为慢性经过或隐性感染，通常仅见短暂下痢和结膜炎，如受到应激因素作用就转为显性感染，表现食欲不振，沉郁，下痢，排灰色或灰黄色稀粪，一侧或双侧眼睑肿胀，畏光流泪，初期流出大量清水样分泌物，后变成黏液性分泌物，甚至分泌脓性分泌物，严重者导致眼角膜混浊或失明。有的病例出现鼻腔的黏液性或脓性炎症，呼吸困难，发出啰音。少数鸽还出现如颈部、两翅麻痹等神经症状。

3)病理变化

剖检病死鸽可见鼻腔和气囊黏膜充血、出血，有大量黏液。气囊混浊，个别呈干酪样病变。气囊壁增厚，上有纤维素性渗出物，腹腔浆膜、心外膜及肠系膜上覆有纤维素性渗出物。心包膜充血出血，肝肿大、有出血点，表面有弥散性芝麻至绿豆大的淡黄色坏死灶；脾明显肿大，比正常大3～4倍，呈紫红色，充血、质软。泄殖腔内含较多的尿酸盐。还可见肺水肿、卡他性肠炎。

4)防治措施

①预防：发现病鸽，对鸽舍应该封锁，病鸽应该隔离治疗，并加强饲养管理，对舍内外进行全面彻底的清洗消毒，还应该保持舍内干燥清洁，防止各种应激。同时，由于本病为人畜共患，因而场内有关人员也应做好个人防护工作，严禁外来人员进出疫区，以免感染和病情扩散。消灭吸血昆虫，严防吸血昆虫叮咬，也是预防本病的重要措施。

②治疗

a. 金霉素，混饲，每1千克饲料，400～600毫克，或混饮，每1升水，250毫克，连用5日，间隔2日后再连用5日；严重病例，可按每千克体重,100～200 毫克逐只喂服。

b. 多西环素,肌内注射,每 1 千克体重,75～100 毫克,每日 2 次,每 5～6 日注射 1 次。

(4)支原体病

本病又称为霉形体病或鸽慢性呼吸道病。主要由致病性支原体引起,多呈慢性经过,是普遍存在于鸽群中的,非常广泛性分布的禽呼吸道传染病。各种年龄的鸽均能感染,鸡、鹌鹑、孔雀等禽类也有发生。该病主要特征是病鸽有严重呼吸道症状,如呼吸啰音、气囊炎等。

1)流行特点

各种品种、年龄的鸽均可感染,而尤以乳鸽最易感,症状重;成鸽症状轻,多数能自愈,但成为带菌排菌者。病鸽和带菌鸽是主要的传染源,病原体可经由鸽蛋通过胚胎传染给乳鸽而形成垂直传播。病原还通过与病鸽接触或呼吸道传播,污染的饲料、饮水、设备等也能传播本病。本病一年四季均可发生,但以寒冬、早春及梅雨季节较为严重,鸽舍内拥挤、空气污秽、通风不良、卫生状况恶劣也可引起本病暴发流行。

2)临床症状

多呈慢性经过,病程较长,潜伏期 1～2 周,初期症状类似感冒,精神不振,有呼吸啰音,夜间更为显著。一段时间后,因鼻、咽喉发炎而流水样清涕,然后变为黏液性或脓性鼻液,鼻孔周围和颈部羽毛常被玷污,严重时鼻分泌物更加浓稠以至干结、堵塞鼻孔,常打喷嚏,颜面肿胀。夜间可听到“咯咯”的喘鸣音;一侧或两侧眼睛发炎,眼睑肿胀,结膜发红,并有豆渣样渗出物,眼球受到压迫、损害,甚至眼球突出,以至失明;生长停滞,逐渐消瘦。

幼鸽易死亡,成年鸽易康复,并具一定的免疫力。单独由支原体病致死的鸽极少。由于支原体的存在,导致鸽的生长发育受阻,体质、低抗力下降。一般是由于继发其他疾病而使患鸽出现死亡。

3)病理变化

主要病变见于上呼吸道。可见鼻腔和气管充血、出血,黏膜增厚,有大量黏性、脓性分泌物,呈典型气囊炎,气囊壁增厚,混浊,有呈念珠状的结节灶,气囊腔内干酪样渗出物附着,有的鸽肺部淤血,当病鸽继发大肠杆菌感染时,可见纤维性心包炎和肝周炎,并发病感染霉菌时,可见肺部有霉菌病灶。

4)防治措施

①预防:为了预防本病的发生,净化鸽群,做好种鸽蛋的消毒,杜绝传染都很重要;对鸽舍及工具、环境的平时和疫时的消毒,也是不能忽视的环节;同时必须加强日常饲养管理、供给足够的养分,尤其是维生素A,以提高上呼吸道的抗病力。有应激因素时,可选用抗菌药物预防,出现可疑病鸽或病鸽时,应隔离治疗或立即淘汰。定期进行药物预防,降低种鸽和鸽群中支原体的污染率。同时,应特别注意种用鸽苗的自繁自养,一定要引入种鸽时,也应先隔离观察检查,证明无病者方可合群饲养或配对;要避免与鸡同场饲养,严防由种蛋带入疾病或由鸡传播本病。

②治疗:治疗本病的药物较多,红霉素、泰乐菌素、土霉素、金霉素、多西环素、林可霉素、泰妙菌素、环丙沙星、恩诺沙星等对本病均有治疗作用,但痊愈鸽常出现重复感染,不易根治。故主要靠平时搞好预防工作。

a. 环丙沙星，混饮，每 1 升水，75 毫克，连用 3～5 日；如有混合感染时可加用氨苄青霉素，每 1 升水，120 毫克，可协同增效。

b. 诺氟沙星，混饲，每 1 千克饲料，100～200 毫克，连用3～5 日。

c. 泰乐菌素，混饮，每 1 升水，400 毫克，连用 4～5 日。

d. 泰妙菌素(枝原净)，混饮，每 1 升水，125～500 毫克，连用 4～5 日。

4. 肉鸽的寄生虫病

(1)鸽蛔虫病

本病是由于蛔虫寄生在小肠内所引起的一种常见的体内寄生虫病。虫体寄生于鸽的小肠，夺取营养物质，破坏肠壁细胞，影响肠的吸收消化功能，并产生有毒代谢产物，导致鸽子发病，明显消瘦，消化功能障碍，生长发育受阻，长羽不良，严重的也可导致死亡。

①流行特点

各种日龄的鸽都可感染发病，幼鸽易受感染，尤其是与亲鸽隔离后的童鸽，对蛔虫更易感染，病情也较成鸽严重。成鸽的易感性较低，即使感染，病程也较长，只有虫体较多时，才会引起严重损伤以至死亡。维生素 A 不足或缺乏，能降低雏鸽对蛔虫的抵抗力，无症状的球虫感染也可使鸽对蛔虫的易感性增强。本病可通过被带有虫卵的粪便污染的饲料、饮水、保键砂、泥土、垫料传播。鸽子食入具有感染性的虫卵后感染本病。

②临床症状

本病症状轻重与感染蛔虫的多少密切相关。轻度感染时无可见症状，严重感染时，鸽的生长速度、生产性能和食欲等会明显下降，甚至出现麻痹症状；时间较长时，病鸽体重减轻，明显消瘦，常呆立不动，黏膜苍白，表现便秘与拉稀交替，粪中有时还带有血或黏液。羽毛松乱，啄食羽毛或异物，有时还可出现抽搐及头颈歪斜等神经症状。

③病理变化

剖检可见病鸽肠道内数量不等的蛔虫成虫，严重时可达几百条之多，阻塞整个肠管，肠黏膜严重贫血。

④防治措施

预防本病应注意做好平时鸽舍的清洁卫生工作，尤其要及时清除粪便，并尽量避免鸽与粪便接触，确保饲料和饮水卫生；鸽舍、食槽以及饮水器等要每天清洗，定期消毒；最好能做到童鸽与成鸽分群饲养。同时要定期全群驱虫，一般童鸽每2～3个月全群驱虫1次；成鸽每年驱虫1次。驱虫后于次日早上检查驱虫效果，并及时清除粪便、消毒场地。在驱虫后还应增加饲料营养，多喂含维生素A的饲料或鱼肝油。

驱虫药物可选用以下几种：

a. 盐酸左旋咪唑，口服，每1千克体重，20毫克，逐只晚上灌服，轻者1次，重者2次。

b. 哌嗪（驱蛔灵），口服，每1千克体重，150～250毫克，连用2日。

c. 丙硫苯咪唑（抗蠕敏），口服，每1千克体重，30毫克。但产蛋鸽偶见引起产蛋量下降。

(2)鸽绦虫病

鸽绦虫病是由寄生在鸽的十二指肠和小肠内的节片戴文绦虫和寄生在鸽小肠内的四角赖利绦虫引起的、常见的蠕虫病。绦虫寄生在肠道内，夺取鸽的营养和排出有害产物，使鸽的消化吸收机能紊乱，对幼鸽危害严重。

①流行特点

本病在全世界均有发生。对幼鸽的感染率最高，发病也最重。绦虫卵随粪便排出后，被蛞蝓、螺蛳、蚂蚁、蚯蚓等中间宿主吞食，在其体内发育成绦蚴，鸽食入中间宿主后被感染，所以笼养鸽更易感染。感染鸽体内的绦虫每天都有一或数个孕卵节片从虫体的后端脱落，随鸽粪便排出体外，而污染场地，为构成再次感染创造条件。

②临床症状

轻度的绦虫感染，一般在临床上无症状表现。严重感染时，精神沉郁，两翅下垂，被毛逆立，呼吸急迫，缩颈蹲伏，发育受阻，站立不稳，排黏液或带泡沫样的粪便，粪便中常见白色绦虫体节，呈方形或长方形，白色不透明。有时出现贫血，黏膜苍白或黄染。

③病理变化

剖检可见肠黏膜增厚、出血，上有结节，结节中央凹陷，内有虫体或黄褐色凝乳样栓塞物，肠道内有成团的虫体，阻塞肠管。

④防治措施

防治本病应经常清除粪便，并堆肥发酵处理，尤其要注意周围环境卫生的改善，并不断地清除鸽场周围的污物、杂草和乱砖瓦砾，填平低洼潮湿地段，以减少甚至消灭蚂蚁、蜗牛等中间宿主的生存。同时，还应对鸽群定期驱虫，每年至少1～2次。驱虫药物可用：

a. 吡喹酮，混饲，每1千克体重，15～20毫克，1周后重复用药1次。

b. 硫双二氯酚（别丁），混饲，每1千克体重，150～200毫克，4天后重复用药1次。

c. 甲苯咪唑，混饲，每1千克体重，30毫克，连喂3天。

d. 丙硫咪唑，口服，每1千克体重，15毫克，连喂3天。

(3)鸽球虫病

鸽球虫病是由艾美耳属球虫寄生于鸽的小肠和大肠引起的肠道病，临床上以排绿色或红褐色水样稀粪，肠道充血、出血，脱水和消瘦为主要特征。

①流行特点

本病分布比较广泛，常发生于春、秋季节，梅雨季节前后发病率最高。各种日龄的鸽均可发病，成鸽感染此病时不表现临床症状，3～4月龄的鸽子发病率、死亡率均很高，而刚离巢的雏鸽死亡率最高。潮湿温暖的环境、拥挤、过度繁殖、长途运输、营养缺乏（尤其是维生素A和维生素K_3）以及某些疾病等都可诱发本病暴发。不表现临床症状的带虫鸽不断向外界排出球虫卵囊，使本病难以根除。主要通过污染的饲料和水感染，乳幼鸽则经亲鸽的鸽乳感染。

②临床症状

患鸽一般表现羽毛脏乱，消化不良，食欲减退，饮水增加，机体消瘦。粪便稀薄或水样，带有黏液，粪便呈绿色或黑褐色，或呈红褐色血痢。由于肠黏膜受到破坏而使吸入的水量有40%～60%未能吸收，往往患鸽表现有脚干和眼睛下陷的严重脱水现象。重者几天至十几天即可死亡,刚离乳的幼鸽受害严重,死亡率会较高。有的由于抵抗力降低及肠道严重损伤引起继发性细菌感染而使病情加重和损失增大。抵抗力强或大龄鸽会慢慢恢复。

③病理变化

剖检可见肠道肿胀,大肠、小肠可见卡他性炎症,肠黏膜充血或出血,严重者黏膜脱落,内容物稀烂且呈绿色或红褐色,偶尔可见肝脏肿胀,有黄色斑点状坏死灶。

④防治措施

做好饲养管理和清洁卫生工作,经常清除粪便,遇阴雨季节应每天清除鸽舍粪1次,将鸽粪堆肥发酵处理。饲料应质优、营养全,多喂富含维生素A的饲料。不同时期的鸽子,应分群饲养,而且应保持合理的密度,避免拥挤。病鸽要及时隔离治疗,病舍及被患鸽污染过的工具、用具等,均应用20%的生石灰水或其他有效消毒药液,进行喷洒消毒,以杜绝和杀灭卵囊。治疗可选用以下任何一种,均可获得较好疗效:

a. 地克珠利,混饮,每1升饮水,1毫克。

b. 氯羟吡啶,混饮或混饲,每1升饮水或每1千克饲料,125～250毫克,连用7日。

c. 氯苯胍,混饲,每1千克饲料,33毫克,连用7日。

d. 氨丙啉,混饲,每1千克饲料,125毫克,从15日龄喂至2月龄。

(4)鸽毛滴虫病

本病又称为口腔溃疡,亦称为“鸽癀”。是常见的鸽病之一,病原是禽毛滴虫。该病特征变化是口腔和咽喉黏膜形成粗糙纽扣状的黄色沉着物;湿润者,称为湿性溃疡;呈干酪样或痂块状则称为干性溃疡。

①流行特点

目前大约60%以上的家鸽都是本病的带虫者,大多数鸽子不表现明显的临床症状,但能不断地感染新鸽群。由于许多成鸽是无症状的带虫者,它们常是其他鸽子,特别是乳鸽的传染源。2~5周龄的乳鸽、童鸽发生本病最为多见,且病情亦较严重。本病主要是接触性感染,往往由于雏鸽吞咽亲鸽嗉囊中的鸽乳而直接遭受传染。

②临床症状

乳鸽、童鸽感染本病后,表现羽毛松乱,腹泻和消瘦,食欲减退,饮水增加,口腔分泌物增多且黏稠,呈浅黄色。患鸽呼吸受阻。下颌外面有时可见凸出,手触之可摸到黄豆大小的硬物。严重感染的幼鸽会很快消瘦,4~8天内死亡。

③病理变化

在鸽的咽喉部可见浅黄色分泌物,或有界限明显呈纽扣大或黄豆大干酪样沉积物,有些病鸽的整个鼻咽黏膜均匀散布一层针尖状病灶。小肠上段有卡他性肠炎变化,肠内充满水样内容物。病变发生在上消化道时,嗉囊和食道有白色小结节,内有干酪样物。

④防治措施

预防本病主要应在平时定期检查鸽群口腔有无带虫,最好每年定期检查数次,怀疑有病者,取其口腔黏液进行镜检;在饲养管理上,成鸽与童鸽应分开饲养,有条件的成鸽单栏饲养,幼鸽小群饲养,并注意饲料及饮水卫生。病鸽和带虫鸽应隔离饲养，并用药物治疗。治疗可以采取下述方法：

a. 二甲硝唑，混饮，每1升饮水，500毫克，连用3日。

b. 甲硝唑，混饮，每1升饮水，500毫克，连用7日，停服3日，再用7日。

c. 以0.05%的结晶紫溶液或0.06%硫酸铜溶液饮水，连用1周。可以作预防和治疗之用。

(5)鸽血变原虫

本病又称为鸽疟疾，是由血变原虫寄生于鸽红细胞中引起的血液寄生虫病，临床上以引起贫血、消瘦、衰弱、红细胞出现条状异染物为特征。

①流行特点

家鸽、野鸽均可感染此病，只是在年龄和程度上不同，幼鸽症状严重，成鸽较轻。由吸血昆虫进行传染，鸽虱蝇和蠓是本病的主要传播媒介。而且本病只有在鸽虱蝇或蠓体内变成繁殖体（孢子体）才有致病力。即使将患鸽的血液直接接种到健康鸽体，也不会引起发病。因此驱杀蝇、蠓就成为防治本病的极为重要的一环。

②临床症状

成鸽症状不明显，其他患鸽数日不食或少食，有时只饮少量水，消瘦，贫血，衰弱、嗜睡。这时患鸽抵抗力下降，容易感染其他疾病甚至死亡。雏鸽感染后，常表现突然发病，厌食，精神很差。严重的病鸽废食，精神极度沉郁，毛松，严重贫血，如不及时医治，可造成连续死亡。

③病理变化

剖检可见肝、脾肿大，呈黑褐色，发生失血性贫血，血液凝固不良，肺淤血、肿胀，呈暗褐色。肌胃肿大，浆膜、黏膜苍白贫血。

④防治措施

防治本病首先应改善环境，大力消灭蠓、鸽虱蝇和其他吸血昆虫，保持鸽场清洁，填平污水沟、坑，少积存污水、疏通沟渠，清除垃圾和杂草，经常更新鸽巢等。其次要及时发现病鸽，立即隔离治疗或淘汰，以免传染媒介继续蔓延；同时还要搞好鸽场周围及舍内的日常环境卫生管理，提高饲料质量，以增强鸽体的抵抗能力。治疗可用：

a. 阿得平，口服，每只，100 毫克，每日 1 次，连用 3 日。

b. 乙胺嘧啶（息疟啶），混饲，每 1 千克饲料，1 毫克。若用乙胺嘧啶与伯氨喹啉配合使用，效果更理想。

c. 磺胺喹恶啉，饮水，每 1 升水，50 毫克，连用 5～7 日。

d. 氯羟吡啶，混饲，每 1 千克饲料，250 毫克，连用 1 周。

(6)鸽羽虱病

本病是由鸽羽虱寄生于鸽体表的一种体外寄生虫病，广泛存在于我国各地。

1)流行特点

鸽羽虱是一种常见的以羽毛和皮屑为食的体表寄生虫，它包括长羽虱、大羽虱和绒羽虱 3 种。该病的发生多是由于不常洗澡、笼舍不清洁而发生，主要传播途径是通过互相接触而感染。一年四季均可发生。羽虱一但发现，则永久地寄生在鸽身上，从虫卵发育到幼虫、成虫都在鸽的羽毛上进行。雏幼鸽易感性比成鸽高，症状也重。

2)临床症状

雏幼鸽感染后表现瘙痒不安，经常啄羽，羽毛松乱无光，部分羽毛断裂、易脱落，食欲减退，消瘦，皮肤上有叮咬伤口，生长发育不良。成鸽只表现瘙痒不安。

3)防治措施

①预防：搞好环境卫生，对鸽舍、鸽巢及用具进行全面消毒，平时鸽进入孵化前对鸽巢进行彻底消毒。每年都要定期在产鸽换羽期和童鸽配对前对鸽舍进行喷雾杀虫和药浴，以防治鸽羽虱。

②治疗：染上鸽羽虱后，具体可采取以下方法治疗。应特别指出的是，在直接治疗的同时，还应用同样药物消毒鸽舍，以期较全面地扑杀羽虱。

a. 沙浴法：用 50 千克细沙内加入硫磺粉 5 千克，充分混匀，铺成 10～20 厘米，让鸽自行砂浴。

b. 水浴法(天气暖晴时采用)：用 5%溴氰菊酯原液加 2 000 倍水稀释进行水浴，间隔 7～10 天再进行 1 次即可。

c. 撒粉法：将药物配成粉状，撒布于鸽体有虱寄生处。常用的药物有马拉硫磷、蝇毒磷等。

(7)鸽螨病

鸽螨为蜘蛛纲节肢昆虫，寄生在鸽的背部、翅部以及眼睑、嘴角、面部和脚部的无毛或少毛处，常见的鸽螨有红螨(血螨)、羽螨、羽管螨、鳞足螨、气囊螨和体疥螨等 6 种。由于种类不同，其寄生部位和所引起的临床症状也不相同，它们以吸血、咬食组织或羽毛为生，有的还侵害肺和气囊。

①流行特点与临床症状

鸽是螨的常在宿主。鸽螨主要通过接触传染。不同种类螨所引起的临床症状也不相同。

血螨是一种吸血螨，只在夜间爬到鸽体上吸血，引起鸽严重贫血，黏膜呈黄色，皮肤上形成红疹，体况变弱，乳、幼鸽生长发育受阻，羽毛或稀疏而杂乱或脱落。

羽螨寄生在鸽的翼下和尾羽，导致鸽的翼羽和主尾羽变得易碎与断落，使羽毛显得稀疏，严重时羽毛几乎全部脱光。

鳞足螨寄生在鸽腿部无毛角质鳞下的组织中。寄生后使鸽的皮肤发炎和增厚，形成石灰状的鳞状结痂由此造成鸽子行动不便，故称为石灰脚。严重感染时可出现跛行。患鸽食欲减退，生长发育受阻，常呈慢性经过。

气囊螨寄生在气囊和呼吸道，能引起呼吸困难，食欲不振，气囊内充满黏液，使鸽子发生气喘和打喷嚏。

体疥螨寄生于腹部、腿和尾的皮内，使皮肤产生痂性疥癣伏皮疹。患鸽发痒、不安，羽毛脱落和体质衰弱。

②防治措施

防治鸽螨首先应经常保持鸽舍的干燥、清洁，并定期喷洒杀虫药液，杀灭环境、栏舍中的螨虫。夏季每隔 4～6 周，冬季 2～3 个月，用 0.5％敌百虫喷洒鸽舍、鸽体、环境、墙缝及用具 1 次，药液用量约 180 毫升/平方米。

对病鸽可用 0.3％氰戊菊酯浸泡；或者用 20％硫磺软膏(1 份硫磺，5 份凡士林)涂于患处，每日 1 次，连用 3～5 日。患羽螨鸽用 0.003％的双甲脒水溶液喷洒或进行药浴，用药 7 日后再用药治疗 1 次。亦可用 0.2％～0.3％敌百虫水溶液让鸽药浴，效果很好；但要小心使用，应在喂足饮水后进行，时间 15 分钟。另外，还可以阿维菌素(或依维菌素)按 1 千克体重皮下注射 0.2 毫克。

5. 肉鸽的普通病

(1)维生素 A 缺乏症

维生素 A 与鸽子的生长、繁殖有着密切的关系，能加强上皮组织的形成，维持上皮细胞和神经细胞的正常功能，保护视力正常，增强机体抵抗力，促进鸽的生长、繁殖。当饲料中维生素 A 供应不足或消化吸收障碍引起缺乏时，会引起以黏膜、皮肤上皮角化变质，生长停滞，干眼病和夜盲症为主要症状的维生素 A 缺乏症。

①临床症状

成年鸽维生素 A 缺乏时，表现为精神不振，眼睑闭合，两眼周围的皮肤粗糙，眼球干涸，眼内有乳白色干酪样物。产蛋鸽则产蛋减少及蛋的孵化率下降。病鸽羽毛松乱，精神不振，消瘦衰弱。幼鸽则易出现神经症状，有的发生脑软化症。

②病理变化

病鸽口腔、咽喉黏膜上散布有白色小结节或覆盖一层白色的豆腐渣样的薄膜或白色小脓疱，有时可蔓延到嗉囊。呼吸道黏膜上皮角质化，鼻腔内充满水样分泌物，液体流人鼻窦后，导致一侧或两侧颜面肿胀，泪管阻塞或眼球受压，视神经损伤。维生素 A 严重缺乏时，还会出现肾脏、输尿管、心脏、心包、脾脏等器官的尿酸盐沉积，即内脏痛风，这是肾脏功能严重障碍所致。

③防治措施

a. 预防：平时在日粮中补充富含维生素 A 原的饲料，如胡萝卜、黄玉米、苜蓿等。做好饲料的加工、运输、贮藏工作，尽可能减少维生素 A 受破坏、损失。此外，维生素 A 极易被氧化，它与维生素E有拮抗作用，在添加、使用时均应加以考虑。预防性补充维生素A时应注意季节变化，尤其在冬、春季，繁殖期要适量补充，切勿过量，以防发生维生素A中毒。

b. 治疗：治疗原则在于尽快消除病因。具体做法是在短期内补充大量维生素A，可连续1～2周给予正常需要量的2倍。例如，可用浓缩鱼肝油治疗，一般为每日每只鸽1～2滴，7日为1疗程。也可用维生素AD胶丸，每日每只鸽1丸，连用3～7日。

(2)维生素D缺乏症

维生素D与钙、磷代谢有关，能使钙、磷在酸性环境下易于溶解、吸收并沉积于骨骼组织中，有助于骨骼的生长、发育。因此，当日粮中维生素D供应不足、光照不足或消化吸收障碍等导致维生素D不足或缺乏，会引起幼鸽骨骼发育不正常、畸形及成年雌鸽产异形、软壳或薄壳蛋。

①临床症状

幼鸽缺乏维生素D时，生长发育明显受阻，行走困难，腿骨变脆易折断，喙、爪、龙骨、胸骨变软、弯曲，或呈企鹅站立的姿势，即佝偻病。成年鸽缺乏维生素D时表现为产软壳、薄壳或畸形蛋，产蛋数不足。个别的成年雌鸽可能发生暂时性脚无力，但当产下第一个软壳蛋后又可自行消失。

②病理变化

幼鸽的特征性变化是肋骨和脊椎连接处出现串珠样结节，在其胫骨和股骨的骨骺部可见钙化不良，骨骼软，尤以嘴、爪、腿为明显。成年鸽背肋和胸肋相接处向内弯，形成一条特征性的肋骨内弯沟外观，肋骨内侧面的硬软肋连接处出现明显串珠状结节。

③防治措施

a. 预防:在春、秋季到来时要适量补充维生素 D。另外,在多雨季节,光照不足时也应适量补充维生素 D,同时注意日粮中玉米、高粱及其他豆类的配比要合适。但切忌盲目超量补给,以免多量的维生素 D 引起肾的损害。

b. 治疗:维生素 AD 滴剂,轻症者每次半滴,重症者每次 2～3 滴,每日每只 2 次,连用 5～7 日。或以维丁胶性钙,每日或隔日肌内注射,每只鸽每次 0.2 毫升。或 1 次性肌内注射维生素 D_3,每 1 千克体重 1 000 国际单位,或给幼鸽 1 次喂服 15 000国际单位。

(3)维生素 E 缺乏症

维生素 E 又称为生育酚,具有维持正常生殖能力,抗氧化、保护细胞膜的完整性,维持肌肉的正常发育等生理功能。当日粮中维生素 E 供给不足或损失过多,可引起以小脑软化,胸部及腿部肌肉苍白、松弛、无力等症状。

①临床症状

成年鸽缺乏维生素 E,常不表现出症状,但繁殖力及所产蛋的孵化率会下降。幼鸽会出现类似缺硒的脑软化症和皮下水肿,尤其是腹部皮下,并呈现共济失调,严重时呈分腿站立姿势。病程较长者可见腿部及胸部肌肉松弛、无力、肌肉苍白,有时可见到白色条纹。

②病理变化

出现脑软化症状幼鸽的小脑软化、肿胀,有小的出血点,脑组织中的坏死区呈淡红、淡褐或黄绿色浑浊样。有些病鸽可能发生肌肉营养不良，胸肌出现淡的梳齿状条纹，即白肌病。

③防治措施

a. 预防：平时应严格饲料保管，防止饲料的酸败、腐败。同时饲料不宜长期贮存，宜现配现用。另外，在鸽的繁殖期及幼鸽的育雏期应适量补充维生素 E。

b. 治疗：维生素 E 胶丸 50 毫克/丸，1 日 2 次，每次每只鸽 1 丸，连用 3～7 日。同时在日粮中按每 1 千克饲料加入亚硒酸钠 0.2 毫克，蛋氨酸 2～3 克则效果更佳。

(4)维生素 B_1 缺乏症

维生素 B_1 又名硫胺素，酵母、种子被皮和胚芽、青绿饲料、动物肝脏中含量较多，具有抗神经炎作用，为生长发育所必需。当饲粮中硫胺素遭受破坏，或肉鸽大量吃进含有硫胺素酶的新鲜鱼、虾和软体动物内脏，或饲粮中含有硫胺素颉颃物质（如饲粮中含有蕨类植物、抗球虫药氨丙啉）时，均可能使硫胺素缺乏，引起的鸽碳水化合物代谢障碍而出现以多发性神经炎症状。

①临床症状

病鸽初期表现食欲不振，消化不良等症状。随病程的发展，神经机能受到阻碍，出现四肢肌肉酸痛、无力、跛行，运动失调和惊厥等，即多发性神经炎症状，如嗜睡，头部震颤，颈肌僵硬，头后仰，呈特征性的"观星"样姿势。种鸽缺乏维生素 B_1 时，母鸽照常产卵，但孵出的幼鸽可能出现程度不同的维生素 B_1 缺乏症，重症者可发生死亡。

②病理变化

幼鸽皮肤呈广泛水肿，肾上腺肥大。病死鸽的生殖器官呈现萎缩，睾丸比卵巢的萎缩更明显。心脏轻度萎缩，右心可能扩大，心房比心室较易受害。肉眼可观察到胃和肠壁的萎缩。

③防治措施

a. 预防：在饲养过程中，注意饲料调配。适当多喂含丰富的维生素 B_1 的饲料。另外，应注意饲料不能长期贮存。

b. 治疗：在正确诊断的基础上，应用维生素 B_1，按每次每只鸽 50 毫克肌肉或皮下注射。也可按每 1 千克体重 2.0 毫克维生素 B_1 拌料投喂。

(5)维生素 B_2 缺乏症

维生素 B_2 又名核黄素，广泛存在于酵母、青绿饲料、豆类、麸皮中。其主要功能是参与体内生物氧化呼吸过程，还协同维生素 B_1 参与糖和脂肪的代谢。当肉鸽长期以禾谷类饲料为食，或饲喂高脂肪、低蛋白饲料时核黄素需要量增加，或患有胃、肠疾病时，核黄素转化和吸收受影响，即可引起核黄素的缺乏。肉鸽出现趾爪向内弯曲，两腿发生瘫痪，发育受阻等症状。

1)临床症状

幼鸽腹泻，生长迟滞，眼、嘴和脚趾周围发炎，脚趾向内弯曲，瘫伏于地或用翅膀辅助跗关节行走。肌肉松弛，严重时萎缩。皮肤干燥，粗糙。若种鸽缺乏维生素 B_2，所产卵孵化时易出现死胚，孵化率明显降低。

2)病理变化

病死幼鸽胃、肠道黏膜萎缩，肠壁薄，肠内充满泡沫状内容物。有些病例有胸腺充血和成熟前期萎缩。病死成年鸽的坐骨神经和臂神经等较大的外围神经明显肿大与变软，尤其是坐骨神经的变化更为显著，其直径比正常大 4～5 倍。

3)防治措施

①预防：日粮中添加维生素 B_2 制剂或含维生素 B_2 较多的物质，如酵母、脱脂乳、新鲜青绿饲料。并注意饲料的多样化。

②治疗：

a. 维生素 B_2 注射液，肌内注射，每只鸽 2 毫克，每日 2～3 次，连用 5 日。

b. 维生素 B_2 片剂，口服，每只鸽 2 毫克，每日 2～4 次，连用 3～5 日。

(6)钙、磷缺乏症

钙是骨骼和蛋的主要成分，磷能促进骨骼的形成。饲料中钙和磷缺乏，或维生素 D 不足及钙、磷比例失调均可导致钙和磷缺乏症。钙和磷的缺乏与维生素 D 缺乏相似，可引起佝偻病，母鸽产蛋不足，蛋壳变薄，骨骼变形，易骨折，不能平稳站立。

①临床症状

幼鸽的喙与爪较易弯曲，肋骨末端呈串珠状小结节，跗关节肿大，跛行，有的拉稀。成鸽发病主要是在高产鸽的产蛋高峰期。初期产薄壳蛋或软壳蛋，产蛋量急剧下降，蛋的孵化率也显著降低。后期病鸽胸骨呈 S 状弯曲变形，肋骨失去硬度而变形。

②病理变化

全身骨骼均不同程度肿胀、疏松，易折断。肋骨变形，骨质软。关节面软骨肿胀，有的有较大的软骨缺损或纤维样的附着。

③防治措施

a. 预防：首先应保证肉鸽日粮中钙、磷的供给量。其次要调整好钙、磷的比例。对舍饲笼养鸽，要保证足够的日光照射。一般日粮中以补充骨粉或鱼粉进行防治，疗效较好，若日粮中钙多磷少，则在补钙的同时重点补磷，以磷酸氢钙、过磷酸钙等较为适宜。若日粮中磷多钙少，则主要补钙。

b. 治疗：在正确诊断基础上及早治疗，补喂鱼肝油或维生素 D_3，并在饲料中补充适量的钙、磷。

(7)磺胺类药物中毒

磺胺类药物是治疗鸽子细菌性疾病和球虫病的常用药物，在使用过程中可因用药量过大或持续用药时间过长引起肉鸽的中毒，造成肾脏不同程度的损伤。

①临床症状

一般均表现精神不振，羽毛松乱，呼吸急促，食欲下降或废食，站立不稳，喙、爪及腿部无毛处皮肤发黄，爪向内弯曲，呈"观星状"。成年雌鸽所产蛋的蛋壳质量下降或产蛋数减少。急性中毒主要表现为贫血或眼睑出血。

②病理变化

剖检可见其特点是广泛性出血。皮下、胸肌及腿内侧肌肉广泛性或斑点状出血；肝脏肿大，黄褐色或紫红色，也有出血斑点；腺胃黏膜、肌胃角质膜下及小肠黏膜出血；肾肿大，输尿管变粗，内充满白色尿酸盐；骨髓变黄。

③防治措施

a. 预防：幼龄鸽不用本类药品；对亲鸽应慎用。肾脏有疾病的鸽，如尿酸盐沉积，绝对不用本药。对可使用本药的鸽群，使用本药时，建议与等量小苏打同用，并供给充足的饮水。

b. 治疗：一旦发现中毒应立即停药，并采取护肝、护胃、控制出血及加快药物排出等措施；提供足够的饮水，并于其中加低渗(3%)葡萄糖水、1%～2%小苏打，按每千克饲料加维生素C 0.2克，维生素K 35毫克，连服数日。可同时用3～8倍正常量

的维生素 B_{12} 或叶酸肌内注射。

(8)鸽食盐中毒

鸽有喜吃食盐的习性，在饲料添加剂或保健砂中添加适量的食盐，对鸽体大有好处。如果过量喂食食盐或长期不喂食盐，突然喂给大量食盐，会很快出现毒性反应，尤其是雏鸽非常敏感，超量容易引起食盐中毒。

①临床症状

鸽早期食盐中毒时表现高度兴奋，震颤，鸣叫，饮水增多，嗉囊肿胀，不思饮食，粪便稀薄或混有稀水。严重中毒时患鸽食欲废绝，渴欲强烈，过多饮水，呼吸急促或困难，口腔、鼻腔黏液增多，精神时而沉郁，时而兴奋，双脚无力，肌肉抽搐，步态不稳，皮下水肿，后期呈昏迷状态，最后导致死亡。

②病理变化

剖检可见皮下组织水肿，呈胶样浸润，嗉囊充满液体，嗉囊、腺胃黏膜易脱落，腹腔和心包积水，心冠脂肪有出血点，肺水肿，消化道充血、出血，或腺胃有白色胶样黏液；肠血液变浓稠，并有溃疡，脑膜血管充血，常有小点出血，肾脏和输尿管有尿酸盐沉积。

③防治措施

a. 预防：鸽子对食盐的需要量，一般占饲料的 0.3%～0.5%，以 0.4%最为适宜，并反复拌匀。初喂食盐时，喂的比例不宜太高，以 0.3%为好，并要妥善存放食盐。不要出现喂盐中断或间歇饲喂。

b. 治疗：一旦发生食盐中毒，应立即停喂食盐。给鸽灌服石蜡油或蓖麻油类泻剂，每鸽 1～4 毫升；并供给多量的清洁饮水,必要时注射兴奋剂,轻者可自然康复。另外,在饮水中加入5%的葡萄糖和适量的维生素C制剂,以利解毒。

(9)鸽嗉囊积食

嗉囊积食又称为硬嗉病、嗉囊阻塞,是鸽的一种常见病。发病原因是饥饿后暴食,采食过多的谷类等饲料或吞食了异物而引起嗉囊内食物滞留不下的一种疾病。消化系统功能减弱也可导致嗉囊积食。多发于乳鸽和童鸽。

①临床症状

病鸽表现食欲减退,厌食,嗉囊胀大,甚至下垂,触摸发硬,有的触摸有波动感;唾液黏稠,口中呼出气体有酸臭味,鸽体衰弱,逐渐消瘦,饮水多,排粪少且稀烂或便秘;有时呕吐、下痢。乳鸽有时可见嗉囊穿孔。

②病理变化

剖检时可见嗉囊内充满硬实饲料,散发出浓烈的酸臭味,肠腔内食物空虚,蓄满水样液体,黏膜充血。

③防治措施

a. 预防:平时保证足够的清洁饮水和优质的保健砂供应,不得间断。要除去饲料中的异物。平常注意搞好饲料搭配,不喂霉变劣质饲料,不在饥饿时喂得过饱。

b. 治疗:在积食初期,可喂酵母片1～2片以助消化。积食时间较长时,可灌服1%～2%的食盐水,用手轻轻地按摩嗉囊,使食物软化下移。也可倒提鸽子,挤出嗉囊内的食物和液体,再用0.1%的高锰酸钾水或2%的小苏打水冲洗,将鸽头朝下,对嗉囊边按摩边推动,掰开鸽嘴,使嗉囊内的积食和水一起吐出。吐完之后,内服维生素B_6片0.5～1片止吐。如果积食严重,无法冲洗出来，则要行嗉囊切开术进行手术治疗。

(10)软脚病

本病又称为麻痹症，是由于缺钙，或饲料配合不当，长期患慢性肠胃病，加上受不健康的亲鸽哺食；鸽舍阴暗潮湿等多种原因引起的一种代谢性疾病。另外由于笼具结构不良，亦可发生软脚病。

①临床症状

本病主要在雏鸽多发。病鸽多表现脚软无力；严重者出现跛行或不能步行，腿弯曲，关节肿大，体质瘦弱。站立时两翼支撑身体，有的病鸽还出现下痢。

②防治措施

a. 预防：加强饲养管理，减少豆类饲料，多喂新鲜青菜，饲料组成要合理。病鸽移到温暖而干燥的房间，保证其处于安静状态，免受刺激。同时对临诊时出现的症状实行对症治疗，促其早日康复。

b. 治疗：口服钙片和鱼肝油，每日 2 次，每次服钙片 1 片，鱼肝油胶丸粒(乳剂 1～2 滴)，连服 7 日；或用碳酸钙 5 毫克，磷酸钙 3 毫克，硫酸钙 0.7 毫克混合制成小药丸以喂服，3～5 日为 1 个疗程，或肌内注射维生素 C 和维生素 B_1，每日 2 次，每次 0.5 毫克，连续注射 7 日。同时脚部涂以 2% 的碘酊。

七、怎样做好家庭鸽场经营管理

(一)生产前经营管理决策

1. 市场调查与预测

(1)市场调查内容

在进行养殖规划设计之前，首先必须进行市场调查;调查内容主要包括:第一，市场需求调查。即在本地及周边地区对肉鸽的需求量有多大，人们的消费水平和习惯如何，本地是否有类似的养殖场，养殖量多大，肉饲的市场价格及供需情况;第二，种源调查。在养殖前要了解本地的环境条件适合养殖哪些品种，该品种种源的获得渠道及价格;该品种的生理、生长及生产特点;当地消费者是否认可;第三，在有可能的情况下，还应该了解肉鸽的加工方法和当地的加工条件。只有了解了这些，才能确定当地是否适合养殖，养殖规模控制在多大适宜。

(2)市场需求调查方法

可以对消费者和客户直接调查市场需求，这样得来的数据可靠。方法有:

①观察法

市场调查研究人员对某一具体事物进行直接观察并实地记录。如对肉鸽销售情况的实地观察和记录等。用这种方法取得的资料一般较客观,缺点是有时只能观察事物的表面现象,难于看到因果关系。

②询问法

选择一部分有代表性的人、物作为调查对象,通过访问或填写询问表征询意见。询问法是分析消费者购买行为和意向的最好方法,但调查研究人员技术熟练程度和被调查人员诚实与否对资料的可靠性影响很大,且所需费用较高,时间也较长。

③实验法

在一定的小范围市场内,对某一购买行为进行实验性观察。企业选择一个有代表性的消费者小组并向其介绍产品情况,如果大多数人认为该产品不好,企业就放弃这一构思;如果大多数人认为该产品不错,企业就可进行试产、试销。消费者接受后再正式投产。

此外,企业还可以了解同行业各企业的销售情况,政府有关部门发布的有关统计资料,有关的展销会和博览会提供的信息资料等,只有这样才能对市场需求有较为全面的了解。

(3)市场预测

主要搞市场需求预测,即根据有关资料,对鸭产品未来的需求变化规律与发展趋势进行分析、判断和估测。预测的目的是为正常经营或建新鸽场进行正确决策奠定基础。市场预测的主要内容有:预测产品的需求量及发展趋势;产品需求的变化情况;城乡居民对鸽产品的消费习惯、结构特点及心理变化;国家有关政策对产品供求关系的影响；国内养鸽场的变化情况等。常用的市场预测方法：

①直观判断法

这种方法主要是靠业务熟悉、富有经验及综合判断能力强的专家、行家凭直观经验来进行市场预测。此法简单易行，对缺乏历史资料而制约因素又多的鸽场适用。缺点是不够准确，误差较大。

②实销趋势分析法

即根据过去销售增长的趋势(即百分率)，推算下一期销售值的预测方法。计算方法如下：下期销售预测值＝本期销售实际值×(本期销售实际值÷上期销售实际值)。这种预测法对市场变化也只能做出粗略的判断。

③人口需求预测法

即根据人口数量及营养需求结构的变化，推算某一时期市场对鸽产品的需求量。这种方法目前采用较多，在短期内效果较好。

2. 生产前经营管理决策

生产前经营决策就是对养鸽场的建场方针、奋斗目标以及实现这一目标所采取的重大措施所做出选择与决定。鸽场决策包括经营方向、生产经营目标、生产规模、饲养方式和鸽场建设等。

(1)经营方向决策

经营方向决策是指养鸽场选择的是专业化饲养和综合性饲养的决策。专业化饲养是指鸽场饲养某一个类型的鸽，如饲养种鸽或商品肉鸽。综合性饲养是指养几种类型鸽,如肉鸽场兼养种鸽等。

(2)生产经营目标

生产经营目标,是指家庭养鸽场在一定时期内的生产经营活动中应该达到的水平和标准。其内容主要包括贡献目标、市场目标和利益目标。

(3)生产规模决策

生产规模的大小取决于投资能力、饲养条件、技术力量和产品销售等方面的条件。建场前必须对房舍、设备、种苗、饲料等方面进行估算,并留有生产资金。资金和经验都较少者必须先从小规模开始,随着饲养水平的提高,逐步扩大规模,这样可以避免风险;如果既有足够资金又有养鸽经验,则可以把规模搞大些,但也要适度。尽管规模出效益,但规模大,风险也大,应先摸清种鸽、饲料、仔鸽等相关行情,在熟练技术支持下逐步做大做强。

(4)生产经营技术决策

选用什么样的技术设备,采用什么样的生产技术和方法,如何进行设备更新、技术改造和提高饲养人员的技术水平,都直接关系到家庭鸽场的前途。正确的生产经营技术决策,能使生产发展建立在可靠的物质技术基础上。

(5)鸽场建设决策

鸽场建设要根据经营方向、生产规模和生产技术等结合自然环境条件做出决定。要根据当地气候条件、交通、水源、电源、地势、环境等因素选择好场址。鸽舍的类型很多,可以建造群养鸽舍,也可以建造笼养鸽舍,具体建设应该根据实际情况而定,如作为家庭副业式养肉鸽,可以利用旧房或楼顶平台,因陋就简地建造鸽棚，按小棚群养方法，也可以采用单对层笼饲养；稍具规模的鸽舍，应分别设种鸽舍、童鸽舍和商品生产鸽舍。

(二)生产中的组织与管理

1. 生产计划

(1)鸽群周转计划

鸽群周转计划是各项计划基础，只有定出鸽群周转计划，才能根据鸽群数量和生产指标编制产品生产计划、饲料与物资供应计划，然后根据这些计划制定出财务计划等。制定鸽群周转计划时应考虑种鸽的生产性能、使用年限及市场需求等。表7-1可供参考。

表 7-1 生产鸽更新计划

棚号	使用面积	更新品种	更新批号	出雏日期	选留日期	转群日龄	转群数合计	预计开产日期	预计使用年限	计划淘汰年月
1										
2										
3										
…										
合计										

(2)产品生产计划

肉鸽场的产品主要是乳鸽和种鸽，联产品为淘汰鸽，副产品为鸽粪。在做产品计划时须分别编制主产品、联产品与副产品生产计划。主产品乳鸽的生产计划按每40天左右生产一窝来计算,以鸽场养殖产鸽对数乘以窝产乳鸽重量,乘以30天,再除以40天,即得每月生产的乳鸽重量千克数。

(3)青年鸽培育计划

青年鸽是从乳鸽中选出留作种用的雏鸽,制定这一计划主要的依据如下:

①鸽场的生产的目的(是乳鸽还是种鸽)。

②鸽场鸽群的饲养方式。

③肉鸽的生产性能及更新计划。

④鸽场的饲养条件和管理水平。

周密的青年鸽计划能使养鸽设施得到充分利用,饲料得到节省,既不影响种鸽的更新,又确保了最终产品的收入。

(4)饲料耗用计划

饲料计划是根据月累计饲养数乘以每只每天耗料,得数即为月累计耗料。然后根据饲料消耗数量,按饲料配方中各种饲料品种的配合比例,算出各个月份所需各种饲料的数量(见表7-2)。

表7-2 饲料供应计划

月份	饲养量	用料量	各种饲料计划用量							
			玉米	大麦	碎米	小麦	高粱	豌豆	蚕豆	…
1										
2										
…										

饲料是养鸽生产的主要原料。在生产总支出中占很大比重，专业养鸽户更是如此。据生产需要，周密计划饲料供应是提高养鸽生产水平，降低成本，增加收入的重要途径。饲料品种应相对稳定，要有一定数量的库存，太少影响生产，太多影响资金周转，库存太多还会引起饲料变质、生虫、发霉，造成重大的经济损失。

(5)作业生产记录

家庭鸽场年度计划的完成，在于严密地组织生产过程和各项作业，平时做好记录(如表 7-3、表 7-4)，并与预定指标进行比较，发现问题，分析原因，做出决策。如决定鸽群的选留、淘汰和更新，扩大、缩小还是保持现有的生产规模，或改善相关技术等。

表 7-3　生产鸽生产月报表

年　月　　　　　　　　　　　　　　　　　(单位:枚、只)

项目	当月生产							月底存栏				百分率			
幢数	总产量	次品蛋	无精蛋	死胚蛋	出雏	死亡	售出数	产鸽	乳鸽	童鸽	种鸽	受精率	孵化率	成活率	合格率
1															
2															
…															
小计															
备注															

表 7-4 育成鸽动态月报表

年 月 (单位:只)

项目	存栏数				增栏数			出栏数				销售数		
幢数	月初存栏	月底存栏	笼存实数	舍存实数	移入	购入	回收	移出	上笼	死亡	淘汰	种鸽	肉鸽	累计
1														
2														
…														
小计														
备注														

2. 鸽场生产定额管理

定额是指在一定的生产技术条件下(饲养方式、饲料和设备条件等)人力、物力、财力的利用和消耗以及产品质且与工作员等方面所应遵守与达到的要求。养鸽场的定额主要包括以下内容:

(1)生产定额

要求每对生产鸽年产乳鸽 6～8 对,月出笼乳鸽占存笼生产种鸽的 50%～60%,乳鸽等级合格率应达到 90%以上。

(2)劳动定额

劳动定额是指在一定的劳动条件下,一个中等技术水平的普通劳力在不影响其身体健康的前提下所能承担的劳动量。制定养鸽生产的劳动定额是一项复杂的工作，它主要受饲养方式、饲养条件、品种和饲养阶段等因素的影响。因此，必须从实际出发，在有关资料和生产实践的基础上制定相对合理的劳动定额，并不断地修正。一般每个饲养人员采用原粮饲喂时，饲养生产种鸽定额为400～450对；采用颗粒全价料时，饲养生产种鸽为600对；在网质地面群养青年种鸽时，每个饲养人员饲养定额为1 000对。

(3)鸽舍利用定额

鸽舍是养鸽生产最重要的物质条件之一。在养鸽生产中，鸽舍的生产利用率较一般的畜禽生产要高，但仍存在着科学的合理使用鸽舍问题，如并孵、并喂，提前断乳改人工管喂等新技术。在提高鸽舍使用率的前提下，制定出恰当的定额，能达到实现增产、增收的措施。一般在规划面积时，青年鸽可按每平方米8～10只计，种鸽笼养按每平方米20只计。

(4)设备使用定额

养鸽场的主要设备如下，鸽笼、巢盆、食槽、饮水器、保健砂格、栖架、洗澡盆、脚环、捕鸽网以及育种床和肥育床等。此外，较具规模的鸽场还有配对笼和消毒、治病的专用器具。上述设备均应根据养鸽的实际需要，规定好数量和使用年限，以棚定量。要减少设备损坏，延长使用年限；能及时满足生产过程中对用具设备的需要，保证了养鸽生产顺利进行，减少浪费。

(5)物资耗用定额

养鸽生产的主要物资消耗有防疫卫生材料、垫料、水、电、燃料以及低值易耗品，如扫帚、铁桶、铁铲、水盆等。这些物资均应在实践生产中摸索，制定出可行的消耗定额并辅以相应的奖罚措施。以开源节流,减少浪费,降低生产成本。

3. 经济管理

(1)收入

鸽场经济收益主要包括:出售乳鸽收入;出售种鸽收入;淘汰乳鸽、青年鸽、老年鸽收入;副产品,如鸽粪等的收入;其他不列入以上各项的收入。

(2)支出

养鸽生产的主要支出有饲料费、人员工资、设备使用费及物资耗用费等。

①饲料费:通常占养鸽生产总支出的80%左右。专业户、承包户间接支出费用少,饲料费所占支出比重更多。饲料费包括粮食原料为主,其他还有少量的饲料添加剂。估算饲料费支出时,除数量外,也受价格因素的影响,在编制计划时应给予考虑。

②工资:指直接从事鸽场的生产人员的工资。

③设备使用费:根据设备使用定额(即设备的配备数量)和使用年限编制支出预算计划,具体的设备折旧率,可参照有关的规定并根据实际的情况来确定。

④物资耗用费:根据兽医防疫、水、电、垫料、低值易耗品等消耗定额及价格预算计划支出。

⑤成本核算

a. 生长鸽成本:从2～6月龄总饲养费,减去副产品值。

b. 生产成本:

每只乳鸽成本=(全部饲养费-副产品值)/总产乳鸽数

(只)

每只休产鸽成本＝(全部休产鸽饲养费－副产品值)总休产鸽数(只)

乳鸽成本包括人工费用,饲料、药物(疫苗、消毒、防疫)工具及鸽舍鸽具折旧、管理费用等。

⑥盈利计算

总利润(或亏损)＝销售收入－生产成本－销售费用

成本利润率(%)＝销售利润/销售产品成本×100

资金利润率(%)＝总利润额/总占有资金×100

(三)肉鸽产品销售

1. 商品肉用乳鸽的销售

(1)乳鸽上市标准

上市的乳鸽一般要求日龄为25～30天,体重500克以上,有一定的羽毛,无病、无残,胸肌饱满,用手指从背部向胸部抓过,拇指与中指的距离相差2～3厘米,这样的肥度才能达到标准。怎样识别是否是25～30日龄的乳鸽呢?一看乳鸽头颈部,尚有少量分布稀疏的黄色胎毛即符合要求;如果绒毛已被羽毛所代替,说明已超过30日龄了;二看鸽子两肋的针羽,羽鞘已长齐,毛鞘生长丰满,屠宰后易于脱落,是最佳宰杀时间。屠宰年龄太早,乳毛不易脱净;屠宰日龄超过30天,虽羽毛易脱落,但肉质变硬,商品价值下降。所以说25～30日龄是乳鸽的最佳(宰杀)时间。

鸽子的羽色和肤色各种各样，人们普遍喜欢白羽鸽和羽毛整齐的乳鸽。光鸽要求皮肤乳白色或粉红色，不喜欢黑色及其他较深颜色。另外，鸽体有损伤、血块、针羽和污垢的，消费者都不太喜欢。

(2)乳鸽运输

不要轻易运输乳鸽。乳鸽若运输到目的地若不马上屠宰会出现一个失重过程，乳鸽收集后不在当天屠宰会造成很大损失，若把其养至35～40日龄屠宰，而得到重量上的一些补偿，但其口味、质地较差。另外，乳鸽收集之后，若不是当天宰杀，还有一些弊病，如腹部空空，拔毛后外观不饱满；再则将乳鸽集中关在运输笼中的一段时间内，相互爬跨挤压，使嫩肤受伤，影响外观。

(3)乳鸽产品销售渠道

①收购：经鸽场联系后，销售或加工单位到场内收购，但要注意防疫、消毒。

②交售：鸽场与经销单位签定合同，定出交售数量、质量要求、交售时间与交售价格。签定合同后，供、销双方都有保证，鸽场无产品积压或价格波动之虑。

③产销直挂：鸽场与销售乳鸽等鸽产品的商店直接签定合同，产品直接运输到商店或市场，以减少中间周转环节，降低产品损耗，增加鸽场收入，顾客也可购到新鲜优质产品。

④自销：鸽场或几家鸽场联合起来开设门市部，以本场产品直接调运供应门市部，做到产销一条龙。这种自销方式除有产销直挂的优点之外，还可增加本场的收入。如产品质量好，易于在顾客中建立信誉。

2. 种鸽销售

目前,一般鸽场销售两种产品:一种销售肉用乳鸽;另一种是销售种鸽。从经济效益的角度来看,两者同样重要,应同时经营不可偏废。

现今我国已有许多可供用于生产商品乳鸽的肉鸽品种,它们都具有体型大、繁殖性能好、雏鸽生长快、优良性状稳定等特点。要办好一个鸽场的前提条件是要有优良的种鸽。因此,在购种上千万不可马虎从事,一定要向可靠的种鸽场购买种鸽。本场要根据生产记录,每年做好选优去劣工作,以建立起高产种鸽核心群。

种鸽对外销售的好坏,取决于产品质量,这与所有其他的商品经营规律是相似的,只有长期坚持种鸽质量第一,经营诚实守信,使客户放心,才会使生意兴旺起来,才能在同行竞争中取胜。

(四)肉鸽场投资和效益估测

肉鸽以杂粮为主食。一对良种肉鸽年产乳鸽 8～9 对,乳鸽孵出 20 多天,体重达 600 多克即可出售,在禽类中生产周期最短。饲养良种肉鸽是一条投资少、用粮少、繁殖快、效益高的致富路。投资 2.4 万元人民币,一个农村劳动力完全手工操作,利用当地杂粮饲养 300 对良种肉鸽,年产商品乳鸽 2 400 对左右,年纯收入 2 万多元人民币。鸽场建设与投资效益分析如下:

1. 鸽舍建设

一般饲养300对以下的小型商品肉鸽场，均可在庭院围墙边沿或水泥房顶搭盖简易鸽棚，也可以用旧房改建成鸽舍。鸽舍要求阳光充足，地势高燥。肉鸽场都实行自繁自养，需要建种鸽舍和童鸽、青年鸽舍。

(1)种鸽舍

种鸽采用笼养，可利用普通闲置房改建成鸽舍，也可新建鸽舍。铁线鸽笼由工厂生产，单笼规格深、高、长分别为0.6米×0.5米×0.5米。三层四隔构成1组，每组笼饲养12对。新建鸽舍应计算好使用鸽笼的数量及摆放方式，以此来决定每间鸽舍的长、宽和面积。若在平房内饲养，屋顶每4平方米面积要安装一块50厘米×60厘米的亮瓦。若要楼房下层饲养，则窗户面积应比普通住房加大1倍，或改成半墙敞棚式结构。饲养300对种鸽需要25组鸽笼和修建4.5米×15米规格的67.5平方米种鸽舍1幢。

(2)童鸽、青年鸽舍(饲养预备种鸽用)

300对种鸽需建10平方米童鸽、青年鸽舍，要求实行离地网上圈养，网面离地面0.8米。围网可一半露天，一半在室内，露天面用竹条或尼龙网盖好，以防鸽飞走。网内分隔成2个小区，按鸽日龄分群饲养，每群30～40只。

2. 鸽场投资概算

①种鸽繁殖很快。鸽场要获得高产，一般都要经过自繁自养二次选育高产种群。所以，饲养300对只需引种100对。3

月龄种鸽每对 48 元，共 4 800 元。

②25 组铁线鸽笼，每组 165 元，共 4 125 元。

③鸽舍 67.5 平方米，每平方米造价 80 元，共 5 400 元。

④童鸽、青年鸽舍 10 平方米，预计造价 550 元。

⑤水电、工具、防疫消毒药品共 1 000 元。

⑥饲料周转金（按 300 对 120 天饲料计算）约需 5 000 元。

⑦不可预测开支（以上 1～6 项总和×15%）共3 131.25元。

合计：24 006.25 元，概算取 2.4 万元。

3. 经济效益分析

①全年卖乳鸽收入：留足 300 对种鸽后，计划年产乳鸽 2 400对，除去 200 对留种、可出售 2 200 对，每对 23 元，共收入 50 600 元。

②饲养成本支出：1 对种鸽 1 个月用混合杂粮 2.25 千克，每产 1 对乳鸽用混合杂粮 2.5 千克。1 对种鸽年产 8 对乳鸽合计用混合杂粮 47 千克，1 千克 1.8 元，饲料支出 84.6 元，保健砂、维生素每对连带仔共 6 元，防疫、消毒药品 3 元。1 对种鸽（包括乳鸽）1 年饲养成本支出为 93.6 元。300 对种鸽全年支出 28 080 元。

③利润，当年可收入 22 520 元。

4. 提高家庭鸽场经济效益的措施

(1)尽量减少对鸽舍的投资

对初养鸽和资金较紧的养鸽户来说，因地制宜，就地取材，不必太讲究建筑材料，可以利用旧房、闲屋改建，只要满足通风干燥、清洁、光线比较明亮等基本条件就可以。养殖规模也应逐渐扩大,当资金、技术、市场等条件都具备后,再筹建一定规模的高档鸽舍。

(2)选择优良种鸽,提高生产性能

选种是保持和改良肉鸽优良品种的重要手段,加强选育工作,建立品质好的核心群,是保证鸽场具有较高经济效益的重要措施。如果鸽场只顾眼前生产利益,即使饲养的是比较好的品种鸽,如果不进行严格选种,不建立种鸽核心群,不进行系谱记录和种鸽生产记录,有的甚至不知道自己鸽场的品种,结果肯定是品种退化,生产性能下降,商品乳鸽质量下降,在市场竞争中缺乏竞争力。

(3)加强饲养管理

①加强日常管理,做好各项原始记录:饲养员工作责任心要强,每天细心观察鸽群采食、饮水、粪便、精神状态,查看产蛋、孵化、育雏情况,及时准确了解鸽群生长发育、繁殖、育雏、饮食、健康状况,以便及时采取相应措施。一般鸽场都应建立留种登记表、种鸽生产记录表、种鸽生产统计表、青年鸽动态表等表格,认真做好各项原始记录,正确反映生产情况,为鸽场经营决策提供科学依据。

②加强高峰期的饲养管理:根据生产鸽一年的产蛋记录分析,春季(3～5月)的产蛋率显著地高于其他三个季节,是生产鸽的产蛋高峰期。而秋季(9～11月)的产蛋率极显著低于春季,显著低于夏季(6～8月)、冬季(12～2月),主要原因是这个季节集中换羽的缘故。因此,在饲养管理上,重视春季这一黄金季节,加强夏、冬季管理。如果秋季也正常繁殖的生产鸽,往往

是高产鸽，不仅应加强饲养管理，还要从它们后代中选留种鸽。

③采取并窝孵化、并窝育雏措施：并蛋孵化、并窝育雏都是提高生产鸽整体繁殖率措施。任何一个鸽场都会存在产单个蛋的情况，在孵化中也或多或少出现破蛋、无精蛋、死胚蛋的情况。这样，一部分生产鸽的孵化巢内只留下1个蛋，很明显，这是很大的浪费，应及时采取并蛋孵化，把只孵1个蛋的生产鸽归并为孵化2个蛋，使那些无蛋可孵的生产鸽结束孵化期进入下一个繁殖周期，注意孵龄接近的蛋并窝孵化，一般不超过3天。同时，一对乳鸽中如果中途死亡1只，剩下的1只容易喂得过饱，引起消化不良，所以要对10日龄前的乳鸽，将日龄相近的进行并窝哺喂。

(4)提供优质全价饲料，减少饲料浪费

①选取质优价廉的饲料，确保混合饲料营养全面：根据肉鸽饲养标准配制日粮，一般蛋白饲料1～2种，能量饲料2～3种，要防止单一饲料投喂。配方中饲料要成熟、完整、干净、干燥、无虫蛀、无霉变，越圆越硬越好。否则适口性差、浪费多、食欲不好导致营养不良，生长繁殖受阻，严重引起消化不良、拉稀粪、中毒等症状。因此，在保证营养均衡全面的前提下，选择用价格低的饲料。饲料配方一经确定，要保持相对稳定，必须变动时，要逐渐过渡。平时加强饲料贮藏，保证饲料干燥、干净，防止虫蛀、霉变。

②推广和应用颗粒饲料：颗粒饲料配合比例恰当，营养全面，使用颗粒料能有效地防止肉鸽挑食，减少饲粮浪费，颗粒料在制粒过程中由于高温处理使淀粉得到糊化，也使抗营养因子的活性得到抑制。抑制和杀灭部分有害微生物，从而使颗粒饲

料的利用率更高。

③重视保健砂的配制：保健砂是肉鸽生长发育过程中不可缺少的营养物质和辅助促长剂。保健砂最好现配现用，保证新鲜，配制好的保健砂盛放在无毒的塑料容器内，并要加盖保存。常用的保健砂的配方是：黄泥 30%，细砂 25%，贝壳粉 15%，旧石膏、熟石灰、木炭末、食盐各 5%。另外，根据鸽群生长需要，适当在保健砂中添加少许中草药、维生素、抗生素，以保证肉鸽正常生长发育。

④减少饲料浪费：肉鸽的饲料浪费可分为两种情况：一种是由于饲喂方法不当、日粮粒度过大、适口性差、料槽结构不合理、环境应激等影响而造成直接浪费；另一种是由于日粮营养不平衡、鸽子生病、繁殖率低等造成的无形间接浪费。肉鸽有较强的挑食习性，对饲料的大小、味道都有选择性，这些都是最严重的饲料浪费。应针对各种浪费原因，采取相应措施。

(5)定期消毒，做好防病治病工作

搞好鸽场环境卫生是预防疾病十分重要的措施，鸽舍地面、运动场、水沟、鸽笼要每天打扫，保持清洁，饮水器每天清洗，污染的巢盆垫料及时洗换，但在孵化期间可少换或不换，以免影响正常的孵化育雏。鸽舍、鸽笼及其他鸽具定期消毒，谢绝外人进入鸽场。

(6)把握销售良机

乳鸽的最佳上市时间是 25～30 日龄，此时的乳鸽体重适中、肉质细嫩、味道鲜美、营养丰富，深受消费者青睐。因此，养户要把握好最佳上市时间，随时了解各地市场行情，争取高价格，如条件许可，可加工成各类包装食品，以获取更多的利润。

参考文献

1 陈谊，康鸿明等．肉鸽高效生产技术手册．上海科学技术出版社，2002
2 王宝维．特禽生产学．北京：中国农业出版社，2004
3 沈建忠．实用养鸽大全．中国农业出版社，2002
4 陈瑞光，程春焱．肉鸽速养技术．江西科学技术出版社，1997
5 韩庆．肉鸽养殖手册．中国农业大学出版社，2001
6 侯广田，方光新．肉鸽无公害饲养综合技术．中国农业出版社，2003
7 葛明玉，程世鹏，王峰．肉鸽养殖与疾病防治．中国农业大学出版社，2001
8 佘锐萍．肉鸽养殖技术．中国农业出版社，2001
9 曾立文，蔡正平．肉鸽科学饲养新技术．北京出版社，1999
10 杜文兴．科学养鸽一月通．中国农业出版社，2000
11 余有成．肉鸽养殖新技术．西北农林科技出版社，2005
12 刘洪云．工厂化肉鸽饲养新技术．中国农业出版社，2002
13 陈梦林等．良种肉鸽养殖新技术．广西科学技术出版社，2005
14 陈杖榴．兽医药理学．中国农业出版社，2002，1
15 丁卫星，刘洪云．鸽病急诊速治手册．北京：中国农业出版社，2001
16 陆应林，张振兴．肉鸽养殖．北京：中国农业出版社，2004，10
17 杨连楷．鸽病防治技术．北京：金盾出版社，2007，4
18 朱模忠．兽药手册．化学工业出版社，2002，7
19 祝锋群．肉鸽饲养管理与疾病防治．北京：中国农业出版
20 郭海浚．冬季肉鸽的饲养管理技术．中国禽业导刊，20

21 刘平,顾建明. 高温季节种王鸽的饲养管理要点. 中国家禽,2002,24(26):24

22 庄国华. 肉鸽的饲养管理技术要点. 养殖与饲料,2002(4):30

23 赵文翰. 肉鸽冬季饲养要点. 农村养殖技术,2004(2):16

24 王庆泽,杨永泰,刘红霞. 肉鸽养殖增效七措施. 江西畜牧兽医杂志,2005(6):52

25 孙福方,邹晓庭. 乳鸽的人工代乳料. 饲料研究,2006,7:34

26 向敏. 优良肉鸽品种介绍. 特种养殖,2005(4):18

27 毛翔光,朱新培. 肉鸽的雌雄鉴别. 云南畜牧兽医,2001(1):44

28 刑攸和. 鸽子年龄的识别及捕捉鸽子的方法. 四川畜牧兽医,2007(2):44

29 黄峰. 保姆鸽的选用及注意事项. 中国家禽,1999,21(9):30

30 和素荣. 如何提高肉鸽配对的成功率. 中国家禽. 2006,28(8):28～29

31 朱小芳. 不同保健砂对蛋鸽生产性能的影响试验. 浙江畜牧兽医,2007(1):4～5

32 苏开波. 鸽保健砂的配置. 中国家禽,2003,25(15):15

33 刘国强,等. 颗粒饲料与原粒饲料对杂交王鸽饲喂效果观察. 养禽与禽病防治. 2006(7):27～28

34 魏晓碧. 如何提高肉鸽繁殖力. 畜禽业. 2002,5:33～34

35 张金海. 提高鸽场经济效益的十大要素. 中国禽业导刊,2005,22(2):28